교실에서 가르쳐 주지 않는 지구 이야기

단단하지 않다! 둥글지 않다!

전파과학사는 독자 여러분의 책에 관한 아이디어와 원고 투고를 기다리고 있습니다. 디아스포라는 전파과학사의 임프린트로 종교(기독교), 경제·경영서, 일반 문학 등 다양한 장르의 국내 저자와 해외 번역서를 준비하고 있습니다. 출간을 고민하고 계신 분들은 이메일 chonpa2@hanmail.net로 간단한 개요와 취지, 연락처 등을 적어 보내주세요.

교실에서 가르쳐 주지 않는 지구 이야기
단단하지 않다! 둥글지 않다!

–
초판 1쇄 1996년 06월 05일
개정 1쇄 2023년 11월 21일

–
지은이 시마무라 히데키
옮긴이 한명수
발행인 손동민
디자인 강민영

–
펴낸곳 전파과학사
출판등록 1956. 7. 23 제 10-89호
주   소 서울시 서대문구 증가로18, 204호
전   화 02-333-8877(8855)
팩   스 02-334-8092
이메일 chonpa2@hanmail.net
홈페이지 www.s-wave.co.kr
공식 블로그 https://blog.naver.com/siencia

ISBN 978-89-7044-636-3 (03450)

교실에서 가르쳐 주지 않는 지구 이야기

단단하지 않다! 둥글지 않다!

시마무라 히데키 지음 | 한명수 옮김

전파과학사

지구 속은 어떤 것이라고 생각하는가. 딱딱하게 굳은 바위가 가득 차 있는 구인가? 그렇지 않으면 가도 가도 새까만 내부인가?

그러나 그 어느 쪽도 잘못되었다. 어떻게 잘못되었는가, 그것을 이 책에서 이야기해 간다. 지구 속은 눈부시고 번쩍거리는 세계이다. 또 바위도 물엿처럼 연하고, 느리지만 바위 그 자체가 움직이고 있는 세계이다.

태양계의 행성 중에서도 특히 크지도 않고, 특히 작지도 않은 이 지구라는 별에만 많은 생물과 우리 인류가 살고 있는 것은 왜 그럴까.

첫 번째 이유는 지구라는 이 별이 태양계에서 차지하고 있는 장소 덕이다. 우리가 살기에는 금성은 너무 덥고, 화성은 너무 춥다.

그러나 그뿐만이 아니다. 지구에 바다가 있고 비가 오며 삼림이 있는 것도 지구가 물과 공기를 낳았기 때문이다.

지구는 달처럼 속까지 식어 굳은 별이 아니다. 지구는 탄생한 지 46억 년쯤 되었다. 그동안 지구는 언제나 모습을 바꾸면서 변화해 왔다.

지구는 이른바 살아 움직이는 별이다. 지진이 일어나는 것도 화산이 분화하는 것도 지구가 살아 움직인다는 증거이다.

이 46억 년 동안 두 번 다시 같은 모습이 되지 않고 차례차례 새로운 모습으로 '성장'해 온 것이 지구이다.

그런데 최근에는 그 성장을 '타인'이 좌우하게 되었다. '타인'이란 지구상에 사는 생물의 일종, 즉 인류이다. 지구상에 인류가 이만큼 늘어나서 활동이 활발하게 됨에 따라 인류는 지구 자체에 영향을 미칠 정도가 되었다. 그리고 인류는 지구의 미래가 어떻게 되는가 하는 열쇠를 쥐게 되었다. 계속 증가하는 이산화탄소, 오존 홀, 지구 온난화 모두 최근의 신문이나 텔레비전을 떠들썩하게 하는 환경문제이다. 이러한 인류의 활동이 지구 전체에 영향을 주고 있다. 즉, 인류가 지구에 대해서 책임을 져야 하는 시대가 되었다.

그러나 지구 전체에 대하여 알지 않으면 지구가 어떻게 되는가에 대해서 올바른 생각도 방책도 낼 수 없지 않겠는가 하는 것이 필자의 생각이다.

현대는 지금까지보다도 더 지구에 대해서 올바르게 알아야 하는 시대이다. 지구의 장래를 생각하기 위해서는 지구의 역사와 현재를 알아야 할 것이다.

예전부터 지구의 역사에 대해서는 몇 가지 설이 있었다. 그러나 현재와 같은 지구의 성립이나 발달이 알려진 것은 얼마 되지 않았다.

이 책에서는 지구를 조사하는 학문이 어디까지 진척되었는가, 지구의 역사는 어디까지 알려졌는가에 대해 알아본다. 이 책을 읽고 독자들이 지구의 현재를 조금이라도 이해하고 지구의 장래를 생각하는 계기라도 된다면 필자로서 더없이 기쁠 것이다.

시마무라 히데키

목차

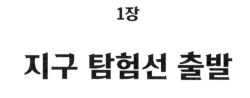

1장

지구 탐험선 출발

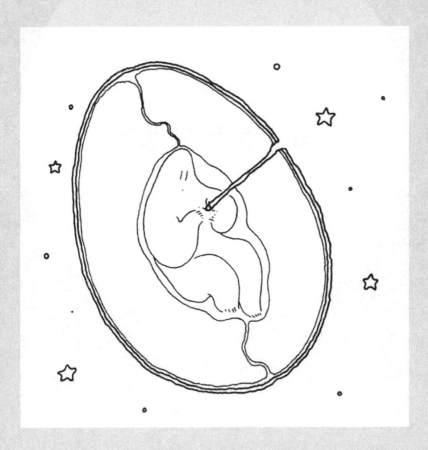

1. 지구는 단단한가? 연한가?

두부 위에 핀볼을 얹으면 어떻게 되는가. 볼의 무게로 인해 두부 속으로 가라앉아 버릴 것이다. 그럼, 어느 정도 큰 쇠공을 지구 위에 놓으면 어떻게 되는가. 공의 크기가 10m나, 100m 정도의 공이면 지면이 조금 오므라들지 모른다. 물론 그 이상의 일은 일어나지 않는다. 그러나 공이 훨씬 더 큰 것이면 어떨까. 그 공은 스스로의 무게로 자꾸 지구 속으로 파고들 것이다.

얼마만큼 큰 공이면 이렇게 되는가. 지구의 굳기는 알고 있으므로, 계산해 보니 지름이 20㎞이면 충분하다고 한다. 공으로서는 물론 거대하다. 도쿄(東京)에 견주면 23구(區)가 쑥 가려질 정도의 공이므로. 그러나 생각해 보자. 지구의 크기를 알고 있는가. 지름이 1만 3000㎞나 되는 지구에 비하면 그 지름의 겨우 700분의 1에 지나지 않는다. 조금 떨어져 보면 먼지 같은 것. 당장 믿기 어려운 일이지만 지구를 달걀 크기에 비유했을 때는 은단 크기만이 아니고 그 겨우 10분의 1의 쇠공이라도 지구 속으로 자꾸 파고들어 가 버린다.

이런 크기의 쇠공을 받칠 수 없을 만큼 사실 지구는 연하다. 파고든 공은 어떻게 되는가. 그 공은 지구의 인력 때문에 그대로 자꾸 지구 속으로 떨어져 간다.

지구 속은 지구 표면을 덮고 있는 바위에 비하여 훨씬 연하기 때문에 일단 지구 표면에 있는 껍데기를 뚫고 들어간 공을 멈추게 하는 것은 이

목성 탐사기 '갈릴레오'에서 본 지구
(1990년 12월, 로이터 교도(共同))

제는 없다. 이 공은 드디어 지구 중심까지 자꾸 내려간다.

학자라는 사람은 별난 것을 생각한다. 만일, 이런 공을 실제로 만들면 지구 속을 살피는 탐험선으로 사용할 수 있을 것이라고 생각한 지구물리학자도 있었다.

달에 인류가 발을 디디고, 화성이나 금성에 탐사기가 날아가는 시대인데도, 지구 속에 대해서는 사실 아직 그다지 아는 바가 없다. 아직 잘 모르는 지구 속을 조사하는 데는 가보는 것이 가장 좋다.

지구에 구멍을 뚫으면서 지구 속으로 내려가려면 어떻게 해야 하는가. 그렇게 하기 위해 굴삭하는 데는 대단한 에너지가 필요하다. 깊은 구멍을 파는 기술도 아직 미개발 상태다. 지금의 인류는 지구 반지름의 고작 500분의 1까지밖에 구멍을 판 일이 없다.

그러나 이 거대한 공으로 된 지구 탐험선은 추진 에너지가 없어도, 일부러 구멍을 파지 않아도 어떻게든 억지와 같은 방법이지만 지구 중심까지 자연스럽게 내려가는 것이 특징이다.

어느 정도의 속도로 내려가는가? 아주 천천히 내려간다. 왜냐하면, 지구 속에 있는 뜨겁고 연해진 바위를 헤치고 내려가기 때문이다. 계산에 의하면 중심까지 약 100년쯤 걸리는 긴 여행이라고 생각된다.

지구 속의 온도가 너무 높아서 쇠공이 녹아 버리지 않는가? 물론 지구 속의 온도는 쇠도 녹일 만한 온도이다. 탐험선의 바깥쪽은 물론 녹는다. 그러나 쇠를 두껍게 하고 속에 단열재를 많이 넣어 놓으면, 100년 지나도 아직 속의 온도는 사람이 살거나 관측 기계가 견딜 정도의 온도로 유지할 수 있다.

물론, 더 긴 시간이 지나면 내부까지 온도가 올라가 결국 이 쇠공은 녹아서 흔적도 없어져 버릴 것이다. 그러나 그때까지 이 탐험선이 지구 속을 살피는 사명이 끝나 있으면 상관없다.

어떤가. 어쩐지 실현 가능한 계획처럼 보이지 않는가. 그러나 이 지구 탐사 계획은 현재로는 공상일 뿐이다. 왜 그런가. 유감스럽게도 이 탐험선에는 귀환하는 수단이 없는 것이다. 지구 인력을 사용하여 지구 중심으로 가 버리면 이번에는 거기에서 되돌아오기 위해서 다시 인력을 사용할 수는 없다.

자기 스스로의 힘으로 지구 중심에서 표면까지 나오기 위한 에너지는 너무 방대하여 현재의 기술로는 마련하지 못하기 때문이다. 그렇지만 100년이 걸린다면 편도만이라도 타보겠다는 과학자나 탐험가가 있을지도 모른다. 여러분이라면 타겠는가? 그러나 반드시 죽기로 되어 있는 곳으로 가는 것은 인도적으로 문제가 될지도 모른다.

그렇지만 무인으로 데이터만을 보내오는 탐험선이라면 어떤가. 여기에 인도적인 문제는 없을 것이다. 실은 이것도 실제로 어렵다. 그것은 지구에 20㎞나 되는 큰 구멍을 뚫고 쇠공이 떨어지면 그 뒤에 남은 구멍은 어떻게 되는가라든가 구멍으로부터 마그마가 나오지 않는가 하는 여러 가지 어려운 문제가 있기 때문이다. 그뿐 아니다. 쇠공을 조립하고 나서 완성하기까지 공이 빠져들지 않게 어떻게 받치는가도 어려운 과제이다.

그러므로 이 지구 탐험선은 아이디어는 좋지만 공상 계획에 지나지 않는다. 그렇지만 우리는 책 속에서는 이 공상의 탐험선에 탔다고 하고 지구 속을 살리는 여행을 떠날 수 있다. 이 공상의 탐험선이라면 100년이 걸리지 않고 지구 중심에 도달할 수 있다.

그럼 탐험선에 타 보자. 공 바깥쪽은 노출된 쇠로 세련되지 않지만, 내부는 최신 장비와 관측기기로 가득 차 있다. 탐험선의 출발대는 우주로 향하는 로켓과 같고 랜처라고 부른다. 지하로의 출발도 우주선과 같이 역시 랜처에 있는 트랩에 올라 탐험선으로 들어간다. 속은 굉장히 넓다. 실험실이나 분석실은 말할 것도 없고, 여러분이 있을 방도 놀랄 만큼 넓게 잡았다. 아무튼 인류가 지금까지 만든 가장 큰 '탈 것'이므로 우주선이나 심해 잠수정 속과 같은 어수선한 좁은 공간과는 다른 넉넉한 구조이다. 세계 최초의 지구 탐험선의 출발을 보도하려고 주위에는 많은 텔레비전 카메라나 사람들이 모여 있는 것이 탐험선의 창으로 보인다.

출발해 보자.

2. 지구는 둥근가? 둥글지 않은가?

우리는 지구는 둥근 구라고 배워 왔다. 그러나 지구물리학에서는 지구는 둥글지 않다는 것이 상식으로 되어 있다. 왜 그럴까?

지구는 분명히 네모도, 판판한 판도 아니다. 그러나 완전한 구도 아니다. 지구의 크기나 모양을 재는 노력은 몇백 년이나 계속되어 왔다. 그리고 측정이나 연구가 진행될수록 지구는 완전한 구에서 벗어난다는 것을 알게 되었다.

지금은 인공위성이 나는 방식을 상세하게 조사하여 지구의 정확한 모양을 조사하는 것이 지구 모양을 가장 정확하게 아는 수단이다.

지구 인력은 엄밀하게 말하면 장소에 따라서 조금씩 다르다. 인공위성은 이 인력을 받아 날고 있다. 정확하게 말하면, 날고 있을 때 생기는 원심력과 지구 인력이 균형된 높이를 난다.

원심력이라는 것을 알고 있는가. 끈에 돌멩이를 매고 빙글빙글 돌렸을 때 돌이 끈을 잡아당기는 힘이다. 이 힘은 돌을 빨리 돌리면 돌릴수록 강해진다. 인공위성은 이렇게 지구 인력을 받으면서 날기 때문에 인력이 다른 곳에서는 나는 높이, 즉 지구로부터의 거리가 변한다. 거리가 변한다고 해도 아주 근소하다.

한편 지구의 인력은 지구가 불룩한가 오므라졌는가에 따라서 다르다. 불룩한 곳에서는 인력이 강하고, 오므라진 곳에서는 인력이 약하다. 그러므로 인공위성이 나는 방식을 조사하면 지구 모양을 알 수 있다.

이렇게 조사해 보면 지구는 둥글다고 하기보다는 상당히 찌부러져 있다. 예를 들면 지구 중심에서 적도까지의 거리는 지구 중심에서 북극이나 남극까지의 거리보다는 20㎞나 길다.

즉 지구는 적도 가까운 곳이 불룩한, 즉 북극과 남극에서 눌러서 조금 찌부러진 모양이다. 지구에 작용하는 원심력은 어느 정도의 힘이라고 생각하는가.

끈에 돌을 묶고 빙글빙글 돌렸을 때 돌을 빨리 돌리면 돌릴수록 원심력이 강해지는 것을 알게 된다. 지구는 하루에 한 번밖에 돌지 않는다. 이렇게 천천히 돌고 있는 것에도 원심력이 작용하는가. 그렇다. 틀림없이 작용한다. 원심력의 세기는 끈의 길이가 길수록, 또 회전이 빠를수록 커진다. 지구의 회전이 느려도 지구처럼 거대한 구에서는 끈이 대단히 긴

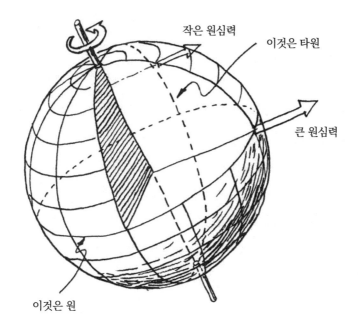

작은 원심력

이것은 타원

큰 원심력

이것은 원

회전타원체

것과 같다. 한편 속도도 지구 표면에서는 실은 대단한 속도로 움직이는 것이 된다.

　그 속도는 간단히 계산할 수 있다. 지구 적도의 길이는 지구를 빙그르 한 바퀴 돌아서, 약 4만 ㎞가 된다. 이 4만 ㎞를 1일에 움직이는 것이므로 지구가 적도에서 움직이는 시속은 4만 ㎞를 24시간으로 나눈 시속 1700 ㎞나 된다. 이것은 제트 여객기의 배나 빠른 속도이다. 이 속도는 적도에서 가장 빠르고 적도에서 떨어져 북극이나 남극에 가까이 감에 따라 느려진다. 지구본을 보면 알 수 있는 것같이 지구의 남북에 가까이 가는 데 따라서 지구는 오므라져 있으므로 북위 60°나 남위 60°가 되는 곳에서는, 만일 시속 1700㎞로 나는 비행기이면 한나절에 일주해 버린다.

즉, 이 근방에서는 지구 표면은 시속 850㎞로 움직인다. 보통의 제트기의 속도이다. 그리고 북극이나 남극에서는 속도가 0이 된다.

지구는 북극과 남극을 지나는 축으로 회전하고 있으므로, 원심력 때문에 적도 부근이 가장 불룩하게 되어 있다. 만일 지구가 훨씬 딱딱한 것으로 되어 있었으면 이렇게 되지 않는다.

지구가 둥글지 않은 것은 지구가 연하기 때문이다. 연한 지구를 빙글빙글 돌렸기 때문에 지구는 원심력에 의해 밖으로 불룩해졌다. 불룩한 정도는 지구 반지름의 약 300분의 1. 과장해서 말하면 구가 아니고 호박 모양. 그것이 지구 모양이라고 말할 수 있다. 최근에는 더 세밀한 것도 알게 되었다. 지구는 남반구 쪽이 불룩하고, 북반구의 한가운데쯤, 즉 일본의 위도 근방이 다소 오므라져 있는 것을 알게 되었다. 한편 지구의 남쪽 끝은 이 호박보다도 전체적으로 오므라져 있어서 남극에서는 26㎞ 정도 오므라져 있는 것도 알게 되었다. 과장해서 말하면 서양배와 같은 모양이다.

그러나 이 불룩함이나 오므라짐을 호박의 불룩함에 비교하면 극히 작은 것이다. 일본 사람들은 서양배의 어깨쯤에 살고 있다. 일본보다 북쪽 즉 북위 50° 근방으로부터 북쪽에서는 완만하게 불룩하여, 북극에서는 19m쯤 불룩하다는 것을 알게 되었다. 그렇지만 이렇게 세세한 이야기를 하려고 하면 지구에 있는 산이나 바다는 어떻게 되는가 생각할지 모른다.

지구에는 8000m를 넘는 높은 산도 있고 1만 m를 넘는 깊은 해구(海溝)도 있다.

그러나 이들은 지구 전체로 보면 마맛자국이나 보조개에 지나지 않는다. 이 마맛자국이나 보조개에 구애받아서는 지구의 참모습은 알 수 없다. 이 때문에 지구물리학에서는 지구의 모양을 바다에서는 바다 표면, 육지에서는 해발고도 0을 면면의 기준으로 삼고 있다.

실은 지구의 호박 모양에는 조금 불가사의한 데가 있었다. 지구의 알맹이나 지구 자전의 속도에서 계산한 호박보다는 실제 지구 쪽이 납작하다. 왜 그런가. 이 답은 나중에 얘기한다.

3. 북극점과 남극점, 진짜 지구 회전의 축?

1985년에 감행한 최초 모험의 큰 적자와 좌절에 넌더리가 났을 텐데, 여배우 이즈미 씨는 두 번째 도전으로 1986년 4월 25일 북극점 도달에 성공했다. 이즈미 씨뿐 아니라 세계 각국의 모험가들은 지금도 북극을 노린다.

북극행에는 사람을 끌어당기는 낭만이 있는 것 같다.

북극이라고 해도 물론 지구 자전을 받치는 튼튼한 축이 서 있는 것은 아니다. 경치로 말하면 아무런 색다른 것이 없는 그저 넓은 빙원이 펼쳐져 있을 뿐이다.

빙원 밑은 바다이다. 북극점 밑에 육지는 없다. 남극에는 대륙도 있고,

대산맥도 있으나 북극에는 얼음에 덮인 바다가 펴져 있을 뿐이다.

탐험대는 표지도 없는 곳이 목표 지점이므로 북극점에 깃발이라도 세워서 그것으로 만족한다.

그러나 지구물리학에서 보면, 지구는 탐험대가 깃발을 세운 북극점 주위를 축으로 해서 회전하는 것은 아니다. 실은 지구 자전축은 북극점에 있지 않다. 실제로는 북극점 주위를 1년 걸려서 10m쯤의 원을 그리면서 움직인다.

즉 지구 자전축은 매일 다른 곳을 지난다. 자전축이 이동하는 것은 여러 가지 이유가 있다. 그러나 최대 이유는 다름 아닌 지구의 공기다.

겨울 동안에 지구에는 최대의 대륙인 유라시아 대륙에 눈이 내린다. 대륙은 냉각되고 그 위에 있는 공기도 냉각된다. 공기는 냉각되면 무거워진다. 난방을 한 방에서 천장 가까이만 덥고 바닥 가까운 곳은 추울 때가 있다. 찬 공기는 무거워서 밑에 가라앉기 때문이다.

이렇게 해서 무거운 공기가 거대한 유라시아 대륙 위에 모이면 지구 무게의 분포가 변한다. 대륙에 실린 눈이나 얼음도 무게의 밸런스를 변화시킨다.

지구는 우주에 떠 있는 구이다. 이 때문에 지구상의 무게 밸런스가 변화하면 지구의 회전축까지 변화한다. 여름이 되면 이 언밸런스는 없어진다. 이렇게 해서 지구의 자전축은 북극 주위를 1년 걸려서 이동한다.

사정은 남극에서도 마찬가지다. 실은 좀 더 세밀하게 말하면 지구의 자전축은 1년이 지나도 엄밀하게는 같은 곳에 되돌아오지는 않는다.

어쩌면 범인은 공기

큰 지진이 일어나면 근소하지만 다른 곳으로 가버리는 일도 있다. 구로시오(黑潮)와 같은 규모가 큰 해류의 흐름이 변하면 역시 자전축도 이동한다. 그러나 이런 폭풍, 지진 따위의 자연재해가 없어도 북극의 자전축은 극히 조금씩 캐나다 동부를 향해서 이동한다고 한다.

이렇게 자전축은 언제나 이동하고 있다. 제법 비칠비칠, 흔들흔들 하면서 지구 위를 이동하고 있다. 정말로 공중에 떠 있는 구다운 이야기이다.

대규모의 핵전쟁이 일어나면 자전축이 이동할 것이다. 그렇지 않아도 인류라는 이 지구의 불손한 주민이 열도 개조라든가 지구 개조라든가 어떤 일을 생각해 내서 무슨 일을 시작할지, 금방 지구 회전에 영향을 미치는 일을 시작하지 않을지 지구물리학자인 필자는 조마조마할 뿐이다.

4. 지구는 달걀이다!

잡담이 길어졌다.

탐험선은 이미 지구 속에 파고들고 있다. 몇 번이나 지진을 느낄 것이다. 지구의 얕은 곳에서는 지진이 많다. 왜냐하면 숨어들기 시작한 곳이 일본이었기 때문이다. 만일 시베리아에서 숨어들기 시작했다면 지진은 거의 느끼지 않으면서 숨어들어 갈 것이다.

우리가 탄 탐험선은 지구 표면에 있는 두께 100㎞쯤의 단단한 바위를 뚫는 동안은 약하지만 제법 비칠비칠 흔들렸다. 이 근방의 바위는 저쪽에 단단한 곳이 있거나 이쪽에는 연한 곳이 있어서 균질이 아니다.

탐험선 창에서 보이는 바위 색깔도 여러 가지였다. 탐험선 주위의 바위를 채취하여 조사하는 분석실도 바위 종류가 많아서 바쁘다. 그러나 이 단단한 바위를 일단 돌파해 버리면 지구 속은 쭉 훨씬 연한 바위밖에 없으므로 탐험선은 조용조용하게 지구 속을 내려간다.

지금 탐험선의 심도계는 160㎞를 가리키고 있다. 바위 종류도 적어져서 분석실도 평온을 되찾았다. 지구 속의 진실한 모습은 어떤 것일까. 지구는 그 알맹이의 모습에서 보면 야구공보다는 생달걀을 훨씬 닮았다.

지구의 경우, 달걀 껍데기에 해당하는 것이 판(Plate)이라 부르는 바위 판이다. 이 바위는 우리가 평소에 보는 바위와 같다. 검거나 갈색이어서 그다지 깨끗하지 않다.

이 판은 지구 전체 표면을 달걀 껍데기와 같이 덮고 있다. 밖에서 달걀 흰자위가 보이지 않는 것과 마찬가지로 지구 표면에는 지구의 흰자위는 얼굴을 내밀지 않는다.

지구 껍데기인 판의 두께는 보통 70㎞에서 150㎞쯤이다. 즉 후지산 (3777m) 높이의 20배에서 40배의 두께다. 판이 막 만들어진 곳 등의 일부의 장소에서는 20~30㎞인 곳도 있다.

이 70~150㎞라는 두께는 지구를 달걀 크기로 축소했을 때는 꼭 달걀 껍데기 정도의 두께이다. 우리가 타고 있는 탐험선 크기의 10배도 되지 않는다.

그럼 달걀과 지구는 어느 쪽이 강한가. 바위 쪽이 달걀보다 당연히 강하다고? 아니 그렇지 않다. 실은 지구는 달걀에 비하면 훨씬 약하다. 달걀은 책상 위에 놓이더라도 아무 일도 일어나지 않는다. 그러나 지구는 다르다.

만일 지구를 무언가 위에 놓았다고 하자. 무엇이 일어날까.

지구는 자기 무게만으로 납작하게 짜부라진다. 지구 껍데기는 지구를 받치지 못한다. 지구란 그토록 약하다. 지구는 우주에 떠 있기 때문에 둥근 모양으로 있을 수 있다.

지구 껍데기 속에는 지구의 흰자위가 있다. 달걀처럼 희지는 않다. 이 것은 판보다는 훨씬 연한 바위이다. 주위 온도가 높거나 바위 종류가 다

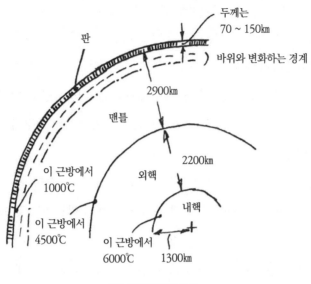

두께는
70 ~ 150km

판

바위와 변화하는 경계

2900km

맨틀

이 근방에서
1000℃

외핵

2200km

이 근방에서
4500℃

내핵

이 근방에서
6000℃   1300km

지구의 단면도와 온도

르기 때문에 판보다 연해진 바위이다. 단단한 바위를 돌파한 탐험선이 조용히 지구 속을 내려가는 것은 이 때문이다.

이 지구 흰자위를 맨틀이라고 부른다.

5. 지구에서 가장 깊은 구멍

석유를 얻기 위해서는 깊은 구멍을 판다. 금 등의 광석도 깊은 구멍을 파서 얻는다. 남아프리카에서는 3500m가 넘는 곳에서 금을 파내고 있다. 그곳의 온도는 52℃. 필자가 아는 지구물리학자가 관측기를 설치하기 위하여 그곳에 간 일이 있는데, 땀이 몸에서 솟아나듯 했다고 한다.

일본에서도 1000m 넘는 곳에서 석탄을 파내고 있다.

그럼 인간이 지금까지 판 깊은 구멍은 얼마큼 깊은지, 지구 속의 어디까지 도달하고 있는지 알고 있는가.

우리 지구물리학자는 지구 내부를 연구하는 것이 일이다. 말하자면 안타까운 일이지만, 실은 인간이 판 구멍은 놀랍게도 지구 달걀 껍데기에 조금 흠집을 낸 정도, 즉 껍데기 두께의 10분의 1밖에 이르지 못하고 있다.

그 구멍 깊이는 12km. 지구 반지름은 6500km이므로 겨우 약 500분의 1밖에 안 된다. 축구공의 땀 깊이도 안 된다.

이 구멍은 러시아(구소련), 독립국가연합의 콜라반도에 있다. 북극해에 돌출한 반도로 독립국가연합의 서북 끝에 가까운 곳이다. 이 세계 제일의 깊은 구멍은 광산처럼 인간이 들어갈 수 있는 구멍이 아니다. 훨씬 더 가는 것으로 석유갱과 같이 곧바로 아래로 판 구멍이다.

이 구멍은 지금도 파고 있는 중이다. 독립국가연합의 과학자가 이 구멍을 벌써 20년간이나 파고 있다. 현대의 나우노도몽(오이타현 시모게군 혼야바케이정에 있는 동굴 길, 험한 길을 어떤 중이 오랜 세월에 걸쳐 동굴로 뚫었다고 함)과 같은 이야기다. 정말로 대국다운 느긋한 이야기라고 하겠다.

무엇 때문에 이런 깊은 구멍을 파고 있는가? 하나의 목적은 깊은 구멍을 파는 기술의 진보를 위해서이다. 차후 석유나 천연 가스, 그리고 금속 등의 자원을 지금보다 훨씬 깊은 데서 파낼 필요가 있을지도 모른다.

그러나 주된 목적은 지구 속에 있는 바위를 채취하여 조사하기 위한 일, 즉 지구 내부의 연구이다. 이런 깊은 곳에서 바위를 채취한 경우가 없으므로 채취된 바위는 연구에 크게 이바지하고 있다. 실은 채취된 바위 중에는 지반에서 얻은 데이터를 사용한 여러 가지 연구 결과로부터 상상한 것과는 다른 바위도 섞여 있었다. 이 때문에 지금까지 지구 속을 연구해 온 방법이 올바른가 어떤가 논의된 일조차도 있었다.

또 온도도 예상과는 달랐다. 생각했던 것보다 훨씬 높았다.

이 구멍은 최종적 목표를 15km로 삼고 있다. 그러나 구멍이 깊어질수록 구멍 파기가 어려워지고 있으므로 어디까지 갈 수 있을지, 언제 다 팔수 있을지 현재로는 알 수 없다.

이밖에 예전 독일이나 스웨덴에서도 지구 속을 연구하기 위해 깊은 구멍을 파기 시작했다. 세계의 지구과학에서는 지구 속을 연구하기 위해 깊은 구멍을 파는 것이 붐이 되었다.

그러나 경제 대국인 일본에서는 아직 깊은 구멍을 파기 위한 연구 예산을 얻지 못했다. 유감스럽게도 석유나 지열을 얻기 위한 돈은 쉽게 나와도 과학을 위한 돈은 나오기 어렵다.

이 깊은 구멍은 말할 것도 없이 연구에 유용하다. 그러나 이렇게 깊은 구멍을 파도 지구 달걀의 극히 얇은 곳에 있는 바위밖에 채취할 수 없다. 더욱이 구멍은 한 곳뿐이므로 구멍 바닥에서 채취한 바위가 지구의 다른 곳에 있는 바위와 같은지 어떤지는 모른다.

지구 속 전체를 조사하는 데는 다른 방법도 강구해야 한다.

6. 지구 속은 어두운가? 밝은가?

지구 속은 얼마나 뜨거운지 알고 있는가.

온천수는 지하에서 나온다. 얕은 곳은 수 m인 것도 있으나 깊은 온천은 몇백 m나 되는 곳에서 나오고 있다. 온천이란 지하에 있는 물이 주위의 바위 온도까지 데워져서 나오는 것이므로 지하는 지구 위보다 뜨겁다는 것을 알 수 있다.

화산 분화도 지하에서 바위가 녹은 것, 즉 마그마가 솟아올라서 일어난다. 다름 아닌 마그마는 바위가 녹을 만한 온도가 되는 곳에서 솟아오른 것이다.

탐험선의 바깥 온도를 나타내는 온도계는 온도가 자꾸 올라가는 것을 나타내고 있다. 지구 속으로 들어가면 갈수록 점점 온도가 올라간다. 탐험선 내부는 알맞게 에어컨 장치가 되어 있으나 바깥은 무서운 온도로 되어 있다.

지구는 달걀을 닮았다고 얘기했다. 그 지구 달걀 껍데기의 바로 안쪽, 즉 지구 속의 100㎞까지 들어가면 그곳의 온도는 벌써 1000℃에서 1300℃나 된다.

1300℃라는 온도를 상상할 수 있는가. 금속에서 말하면, 주석은 230℃, 납은 330℃에서 녹아서, 액체가 된다. 금이라도 1060℃, 구리는 1080℃에서 녹는다. 지구 속은 그보다도 훨씬 높은 온도이다.

그러나 지구 속은 압력도 강한 세계이다. 이 때문에 지표에서 물체가 녹는 온도라도 지하에서는 아직 녹지 않는 일도 생긴다. 그러므로 탐험선 창을 통하여 바깥으로 보이는 바위는 아직 고체이다. 그러나 온도는 벌써 1300℃나 된다.

세계의 많은 나라에서 옛날 사람들은 지하에 있는 지옥에서는 불이 타고 있다고 생각했다. 실은 이것은 옳은 생각이었다. 온도로 말하면 확실히 지구 속은 불이 타고 있는 것과 마찬가지이므로.

그런데 지구 속은 암흑세계인가. 그것은 아니다.

용광로에서 나오는 녹은 쇠를 본 일이 있는가. 어떤 것이라도 온도가 높아지면 그 쇠처럼 빛이 난다. 온도가 500℃라든가 700℃에서는 검붉은 빛깔이지만 온도가 1000℃를 넘어 올라가면 선명한 적색에서 주황색으로 변한다. 그리고 1300℃를 넘으면 거의 새하얗게 된다. 즉 어떤 것이라도 1500℃가 되면 눈부신 빛을 낸다. 지구 속으로 더 들어가면 온도는 더 높아진다. 지구 중심에서는 4000℃가 된다.

탐험선 창에서 보이는 주위 경치의 빛깔은 암적색에서 적색, 이윽고 주황색으로 변했다. 이것이 지구 속의 진짜 모습이다. 그리고 모든 것은 태양빛과 같은 눈부신 백색으로 변해가는 것이 보일 것이다.

지구 속은 타고 있다. 지구 속은 결코 암흑세계가 아니고 눈부신 빛에 찬 세계이다.

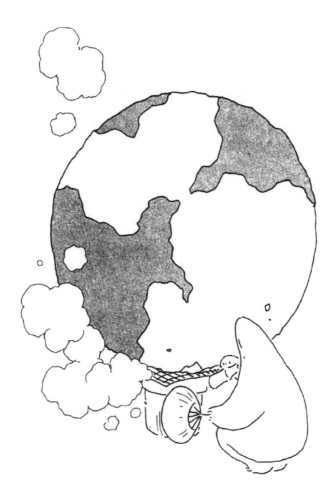

타는 지구

7. 거대한 압력에 견디어

판보다도 깊게 파고 들어가면 탐험선은 맨틀 속을 내려가게 된다. 탐험선 창으로부터는 부옇고 눈부신 빛이 들어온다. 주위 온도는 자꾸 올라가고 바위는 점차 연해진다. 그중에는 군데군데 바위가 녹은 곳도 있다. 아직 고체인 채로 있는 곳도 있다.

지금 탐험선의 섭도계 눈금은 200㎞를 가리키고 있다.

장소에 따라서는 녹아 있는 이 바위가 화산의 원천이 되는 마그마가 된다. 일본처럼 화산이 있는 곳 밑에는 녹은 바위가 있고, 화산이 없는 곳 밑에서는 바위가 녹지 않는다. 창에서 보이는 눈부시게 빛나는 바위 온도는 이미 1300℃를 넘고 있다.

심도계 바늘은 400㎞에까지 이르렀다. 그런데 주위의 바위에서 녹은 현상이 없어졌다. 지구 속으로 깊이 들어가면 갈수록 온도는 올라간다. 그러나 속으로 가면 갈수록 동시에 압력도 올라간다.

압력이란 지금 있는 장소에서 위 지표까지의 바위의 무게다. 실려 있는 바위 몫만큼의 힘이 걸려 있다. 위에 바다가 있으면 다시 그 바닷물의 무게도 더해진다.

이쯤까지 오면 압력은 1㎝ 사방의 크기, 즉 손톱 크기에 100t 이상이라는 엄청난 압력이 걸려 있다. 우표 1장 넓이 위에 놀랍게도 점보제트기가 얹힌 힘이다.

이 엄청난 압력 때문에 설사 온도가 올라가도 눌린 바위가 단단해지므로 바위는 녹기 어렵게 된다.

지구 속에서는 '바위를 녹이려는' 온도와 '아니 이제야말로 바위를 굳히려는' 압력이 서로 경쟁하고 있다. 바위가 녹는가 녹지 않는가 하는 줄다리기를 하고 있다.

지구 속은 상당히 복잡하다. 지구 속으로 깊이 가면 갈수록 연해져서 녹게 되는 단순한 것이 아니다.

또 바위가 녹는가 녹지 않는가에는 그 장소에 얼마만한 수분이 있는가에 관계한다는 것을 알게 되었다. 이렇게 온도가 높고 압력 이 높은 곳에서도 바위에 함유되는 형태로 물이 있다.

그러나 바위가 실제로 녹아 있는가 녹지 않았는가에 관계없이 탐험선이 구비한 측정기 데이터로부터 아주 천천히 바위가 움직이고 있다는 것을 알 수 있다. 그치만 움직이는 속도가 너무 느려서 창에서는 움직이는 것이 보이지 않을 것이다.

지구 속의 바위는 설령 고체인 채라도 물엿을 저었을 때와 같이 천천히 움직인다. 그것은 고체인 바위가 천천히 모습을 바꾸어가서 다른 바위와 천천히 교체되는 것으로 알 수 있다. 지구 시간 규모에서는 이렇게 하여 고체인 바위라도 '흘러'간다.

많은 지진이 지구 속에서도 얕은 곳에서 일어나는데, 개중에는 깊은 곳에서 일어나는 지진도 있다. 깊은 지진 중 400km 깊이 가까이에서는 불가사의한 이유로 다른 깊이보다도 지진이 적다. 탐험선에서도 거의 지진을 느끼지 않았을 것이다.

이것은 400㎞ 가까이에서 바위 성질이 변하기 때문이라고 추측하고 있다. 이 깊이보다 위와 아래에서는 지진파가 바위 속으로 전파되는 속도가 다르거나 바위 무게가 갑자기 변하는 불가사의한 경계이다. 그러나 아직 상세한 것은 알려져 있지 않다.

탐험선 주위의 바위를 채취하여 조사하고 있는 분석실은 맨틀에 들어서고 나서는 잠시 한가했는데, 이 400㎞ 전후에서는 다시 바빠졌다. 왜 이런 경계가 있는지 분석 결과가 나오면 수수께끼가 풀릴 것이다.

탐험선 심도계는 650㎞에서 700㎞가 되려고 하고 있다. 지진이 없어지는 깊이다. 이것으로 지진과도 작별이다. 약 700㎞가 되면 세계 어디에서도 지진이 딱 그친다. 이 이상 되는 곳에서는 지진이 일어나지 않는다.

이 깊이라도 바위 성질이 변하는 어떤 경계가 있다. 그런데 그 경계가 어떤 것인지는 알려져 있지 않다. 분석실은 다시 바빠질 것이다.

이보다 깊어지면 잠시 지구 내부의 여행은 따분해진다. 창밖의 경치는 거의 변하지 않는다. 그러나 그 밑에는 흠칫하게 하는 경치가 있다.

심도계 바늘은 깊이 2900㎞를 나타내고 있다. 탐험선이 갑자기 전혀 흔들리지 않게 되었다.

그곳에는 바위가 아니고 놀랍게도 금속의 '바다'가 퍼져 있었다. 지구 속에 있는 '바다'이다.

8. 탐험선, 지구 속의 바다로

우리 탐험선은 깊이 2900km 되는 곳에서 액체 속으로 뛰어들었다. 지구 속에 있는 거대한 액체의 바다에 들어갔다. 탐험선은 이 맨틀을 헤치고 내려간 다음, 연해진 바위가 아니고 녹아 버린 바위 속으로 뛰어들었다. 이것은 지구 중심에 있는 달걀로 말하자면 노른자위에 해당하는 중심 부분이다. 이것은 생달걀과 마찬가지로 진짜 액체의 구이다. 바위와 같은 고체가 아니다.

이 구의 크기는 달걀로 말하면 꼭 노른자 만한 크기이다. 구의 실제 지름은 약 7000km쯤 된다. 달보다도 2배나 크고 화성 정도 크기의 거대한 구이다. 지구는 이런 것을 속에 안고 있다. 이 구는 녹은 쇠로 되어 있다.

이렇게 보면 지구는 어쩌면 달걀을 닮았다. 달걀이 지구를 닮은 것이 아닌가 생각될 정도로 아주 닮았다.

이 바다는 외핵(外核)이라고 한다. 금속, 그것도 거의 철 성분이고 니켈이나 그 밖의 금속도 조금 섞여 있다. 용광로에서 나오는 녹은 쇠와 같이 높은 온도가 되어 있고 번쩍이며 빛나는 철이 지구의 노른자이다.

금속이 녹아서 천천히 움직이며 돌아다니는 것을 측정기 데이터에서도 알 수 있다. 창에서도 액체가 움직인 자국인 소용돌이 같은 것이 보인다. 주위는 눈부시게 빛나는 금속이 이어져 있다.

지구 속에는 이런 큰 액체의 구가 있었다.

이 금속의 바다 속에는 무섭게 강한 전류가 흐르고 있는 것을 탐험선

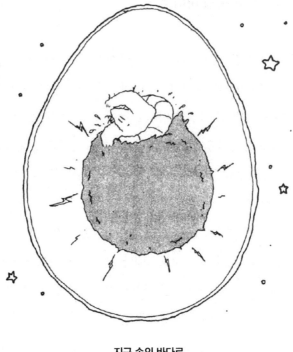

지구 속의 바다로

에 있는 측정기 바늘을 보면 알게 된다.

지금까지 이토록 강한 전류는 지구 속의 어디에도 흐르고 있지 않았다. 녹아 있는 거대한 금속구 속에서 금속이 움직이고, 그리고 강한 전류도 흐른다. 이 금속구는 사실 거대한 발전기 구실을 한다.

인류는 아직 이렇게 거대하고 효율이 좋은 발전기는 발명하지 못했다. 아니 어떤 메커니즘으로 발전하고 있는지 그 원리조차 알지 못하고 있다.

또한, 이 발전기는 지구 자석의 원천이기도 하다. 지구 자석은 이 발전기가 만드는 전자석이다.

즉 세계에서 제일 큰 발전기와 세계에서 제일 큰 전자석이 여기에 있었다.

9. 탐험선, 지구의 밑으로

탐험선은 계속 지구 중심을 향해서 나아간다. 심도계는 5100㎞를 가리키고 있다. 또 고체가 되었다. 탐험선의 흔들림이 다시 커졌다. 탐험선의 여행도 이제 2할만 남았다. 1300㎞쯤 더 가면 지구 중심이다. 이것이 지구 탐사의 마지막 부분이다. 지구 중심에 있는 내핵(內核)이라고 하는 철의 구로 들어갔다. 이 내핵은 달보다 조금 작은 거대한 구이다. 그러나 외핵에 비하면 반보다 조금 더 작다.

왜 액체의 구 속에 다시 고체구가 있는가.

압력이란 지금 있는 장소에서 위 지표까지의 바위 무게라고 얘기했다. 내핵이 있는 곳까지 오면 위에 실려 있는 바위 무게와 금속 무게는 엄청난 것이 된다.

이 때문에 주위 압력이 너무 강하므로 액체로 있을 수 없어서 금속이 고체가 되어 버린다.

이 압력은 물론 인간이 만들 수 있는 압력이 아니다. 이 엄청난 압력으로 꾹꾹 눌러 쇠의 부피가 절반쯤 오므라져 버린다. 외부 압력을 나타내는 탐험선 압력계의 눈금이 풀스케일 가까이 가 있는 것이 보인다.

탐험선도 오므라들지 않는가?

틀림없이 눌려서 작아져 있다. 그러나 염려 없다. 처음부터 그 몫을 예상하여 설계되어 있다. 관측실이나 거주하는 방이 짜부라져서 없어질 정도는 아니다.

지구 위에서 쇠 한 변이 10㎝인 주사위를 만들면 그 무게는 8㎏쯤 된다. 그러나 외핵이나 내핵에 있는 쇠는 같은 크기의 주사위 무게가 정확하게 알려진 것은 아니지만 12㎏ 이상, 아마 20㎏이나 된다.

즉, 이 쇠는 같은 크기의 주사위로 비교하면 지구상에서 보는 10.5㎏의 은이나 11㎏의 납보다도 무거워서 아마 19㎏의 금과 같은 정도까지 눌려 오므라든다. 물론 이 깊이까지 금을 가져가면 더 훨씬 무거워진다.

이 무섭게 무거워진 쇠를 헤치고 내려간 탐험선이 조용히 멈췄다. 심도계는 6350㎞를 가리키고 있다. 가까스로 지구 중심에 도착했다. 지구 표면을 출발하고 나서 여기까지에 오는 데 100년이 지났다. 긴 여행이었다.

압력은 1㎠당 4000t이나 된다. 무서운 압력이다. 지구 속에 이 이상 압력이 높은 곳은 없다. 온도는 자세히 알려져 있지 않지만 4000℃에서 7000℃ 정도 사이일 것이다.

놀랄 만한 이야기를 들려주겠다. 실은 지금 탐험선이 지나온 외핵도 내핵도 원래 지구에 있던 것이 아니다. 그러므로 타임머신으로 과거의 지구 속을 탐험선이 내려갔다고 하면 액체의 구도 그 속의 고체의 구도 볼 수 없었을 것이다.

지구는 살아 움직이는 별이다. 지진이나 화산이 일어나는 지구의 얇은 곳뿐 아니라 이런 깊은 곳도 실은 지구가 진화하여 여러 가지로 변해 왔다.

여러분이 타고 온 지구 탐험선의 여행은 이것으로 끝난다. 현재의 지구를 탐험선 창에서 개략적으로 볼 수 있었다. 그럼 이번에는 지구 속의 각 장소를 차분하게 살펴보기로 한다.

지금까지 지구 속을 직접 들어가 보고 온 것처럼 얘기해 왔다. 그러나 인류는 아직 이 지구 달걀 속을 실제로 본 일이 없다. 달걀 속은커녕 달걀 껍데기조차 뚫고 나간 적도 없다. 이 때문에 지구물리학자들은 여러 가지 방법을 사용하여 지구 속을 들여다보려고 시도하고 있다.

어떤 방법을 사용했고, 어떤 것을 보아 왔는가, 아직 모르는 것은 무엇인가, 과학자는 지금 어떤 수수께끼에 도전하고 있는가.

그것을 알아보는 것이 이 책이다.

2장

대지는 바다 밑에서 태어난다

1. 지구는 된장국이다

지구가 된장국을 닮았다는 이야기에서 시작하자.

이번에는 된장국을 잘 보자. 뜨거운 된장국 표면에는 밑에서 솟아오르는 구름 같은 것이 보일 것이다. 이것이 '대류'(對流)이며 된장국뿐만 아니라 욕조에도 주전자 속 뜨거운 물에서와 같은 대류가 있다. 그러나 욕조나 주전자의 대류는 된장국처럼 눈에 보이지 않는다.

왜 대류가 일어나는가. 된장국이나 뜨거운 물의 경우 액체는 주위 공기보다도 훨씬 뜨겁다. 그 뜨거운 액체는 표면에서 공기에 닿아 냉각된다. 액체가 냉각되면 무거워진다. 즉 밀도가 커진다.

목욕물을 데울 때 잘 휘저어 섞지 않고 욕조에 들어가면 위는 뜨거운데, 아래쪽은 아직 찰 때가 있다. 이것은 뜨거운 물보다도 찬물 쪽이 무거워 욕조 아래쪽에 몰리기 때문이다.

그럼 대류 이야기로 되돌아가자. 표면에서 냉각된 액체는 액체의 다른 부분보다도 무겁다. 이 무거운 부분은 어떻게 되는가. 그것은 돌멩이를 물속에 떨어뜨렸을 때와 같아 밑으로 가라앉는다.

차고 무거운 액체가 가라앉을 때는 그때까지 밑에 있던 액체가 그보다도 뜨겁고, 그래서 가볍기 때문에 위쪽으로 올라오게 된다. 공기보다 가벼운 풍선이 자꾸 위로 올라가는 것과 같다. 이것이 대류이다.

지구 이야기로 되돌아가 보자. 실은 지구 달걀의 흰자위, 맨틀은 바위인데도 맨틀 대류라는 된장국의 움직임과 같은 대류를 일으킬 만큼 연하다.

탐험선으로 내려갔을 때 지구 속의 온도는 깊으면 깊을수록 올라갔다. 온도가 1000℃에서 1300℃에 이르면 바위가 녹는 온도 가까이 된다.

여기에서 불가사의한 일이 일어난다.

바위는 급속히 연하게 되어 고체라기보다는 흐르거나 움직이는 액체와 같은 성질이 강해진다. 그러나 아무리 연하다고 해도 바위이므로 된장국과 같이 술술 흐르는 것은 아니다.

된장국보다 벌꿀 쪽이 질퍽하다. 또 벌꿀보다 물엿 쪽이 더 질퍽하다. 그리고 바위는, 설사 온도가 높아도 물엿보다는 더욱더 질퍽하다. 물엿을 담은 독을 넘어뜨려도 물엿은 느리게 흘러나온다.

바위는 더욱더 극단적이다. 바위가 움직이는 시간 규모는 100만 년의 단위로 헤아릴 정도로 길다. 이것이 지구 시간의 규모이다.

지구 속의 바위는 시간이야말로 걸리지만 힘이 작용하면 마치 액체처럼 흐를 수 있을 정도로 연하다. 지구 바위는 시간을 빠르게 해 보면 된장국과 같이 위로 오르거나 밑으로 내려가면서 움직이며 돌아다닌다.

2. 바다는 육지를 삼킬 수 있는가

지구상에서 바다와 육지 어느 쪽이 넓은지 알고 있는가.

바다 쪽이 훨씬 넓다. 지구상의 대륙이나 섬을 전부 합쳐도 바다 넓이의 겨우 반밖에 안 된다.

세계에서 가장 높은 산을 세계에서 가장 깊은 바다에 가라앉혔다고 하면 어떻게 되는가. 그 산은 바다 위에 머리를 낼까.

세계에서 가장 높은 산은 알고 있을 것이다. 바로 히말라야에 있는 에베레스트로 높이가 8848m이다. 그런데 세계에서 가장 깊은 바다는 어디에 있고 어느 만큼의 깊이인지 알고 있는가.

아마 아는 사람이 적을 것이다. 그것은 도쿄에서 남으로 2600km쯤 간 곳에 있는 마리아나 해구에 있다. 바다 깊이는 산 높이만큼 정확하게 젤 수 없으나 대략 이 해구 깊이는 1만 900m나 된다.

에베레스트를 여기에 가져다 둔다고 해도 그 산꼭대기는 심해 2000m 이상 되는 곳에 가라앉아 버린다. 그뿐만이 아니다. 세계의 바다 깊이를 평평하게 고르게 해도 후지산 높이 정도나 된다. 즉 세계 바다의 평균 깊이는 3,730m나 된다.

이에 비해서 육지에는 히말라야산맥도 안데스산맥도 알프스도 있지만 그것을 전부 고르게 하면 그 평균 높이는 840m에 지나지 않는다. 바다의 평균 깊이에는 전혀 미치지 못한다. 이렇게 육지는 바다보다도 훨씬 좁은 데다 그 높이도 바다 깊이에 못 미친다. 즉, 지구에 있는 육지를 전부 깎았다고 해도 도저히 바다를 메울 수는 없다. 그만큼 바다는 넓고 크다.

그런데 육상에 있는 산맥은 비행기의 창에서 바라볼 수 있지만, 인류는 아직 바다 밑을 본 일이 없다. 바닷속에 머리를 넣어도 겨우 10m 앞까지밖에 보이지 않는다. 깊은 바다에서 해저의 모양을 볼 수는 없다.

필자는 심해 잠수정으로 4000m 바다 밑에 잠수한 일이 있다. 홋카이도(北海道)의 에리모곶 먼 바다 200㎞쯤 되는 곳이었다. 여기는 동해구와 지시마 해구가 해저에서 합쳐지는 곳이다. 낮 동안에도 새까만 해저에서는 자동차 헤드라이트를 15대분 합친 정도인 2kW의 밝은 전구로 비춰도 겨우 십수 m 앞까지밖에 보이지 않는다.

이것은 바닷물이나 그 속에 떠다니는 미세한 입자가 빛이 멀리까지 닿는 것을 가리기 때문이다. 그러므로 해저에 있는 산맥이나 해구라고 부르는, 해저에 길게 뻗어 있는 골짜기를 눈으로 볼 수는 없다.

이것은 세계의 어느 심해 잠수정이라도 마찬가지이다. 심해 잠수정에서 해저를 관측하는 것은 작은 손전등 하나로 밤중에 등산을 하고 있는 것과 같다.

실은 해저에 있는 산은 알프스와 같은 육상의 산보다도 험하고, 해구와 같은 골짜기는 그랜드캐니언과 같은 육상 골짜기보다도 훨씬 깊다.

왜 해저에는 이런 경치가 펼쳐져 있는가.

그것은 지구 달걀 껍데기가 생기는 곳도, 또 그 껍데기가 없어지는 곳도 해저이기 때문이다. 즉, 지구가 살아 움직이는 현장이 해저에 있기 때문이다.

해저에서 무엇이 일어나고 있는가는 다음에 이야기한다.

3. 지구 달걀 껍질은 깨드러져 있다

앞에서 지구 달걀 이야기를 했다.

지구를 달걀로 비유했을 때 마침 달걀 껍데기 두께 정도의 단단한 바위가 지구 표면을 덮고 있다. 이것이 판(Plate)이다. 실제 두께는 70㎞에서 150㎞쯤 된다.

지구와 달걀이 다른 것은 이 판이 달걀 껍데기처럼 하나로 이어져 있는 것이 아니고 몇 개로 갈라져 있다는 것이다.

몇 개로 갈라져 있다니?

정확하게 몇 개라고 말하기는 어렵다. 큰 껍데기는 7개 있는데, 그 밖에 작은 껍데기가 몇 개 있기 때문이다.

큰 껍데기에는 유럽 대륙과 아시아 대륙을 함께한 유라시아판이라든가, 태평양의 거의 전체 해저를 만들고 있는 태평양판 등이 있다. 이들 크기는 1만㎞를 넘는다.

작은 껍데기로는 일본의 바로 남쪽에 있는 필리핀해판이라든가 이란에서 지진을 일으키는 아라비아판 등이 있다. 이들은 지름이 2000~3000㎞의 크기밖에 안 된다.

그러나 판이 작다고 해서 깔볼 수 없다.

필리핀해판은 동쪽 끝이 마리아나제도, 서쪽 끝이 필리핀이나 타이완, 그리고 북쪽 끝이 일본의 혼슈(本州)에 각각 둘러싸인 판이다. 판으로서는 작지만 실은 일본에서 공포의 대상이 되고 있는 도카이(東海) 지진은 이 판

지구 달걀의 껍데기는 깨져 있다

이 일으키는 것이 아닌가 일컬어지고 있다.

알프스가 실려 있는 유라시아판은 유럽에서 시베리아, 그리고 중국이나 한반도까지 실려 있는 거대한 판이다. 그러나 이러한 거대한 판이라 할지라도 지구 속에 깊은 뿌리를 뻗고 있는 것은 아니다. 알프스도 시베리아도 판 위에 살짝 실려 있을 뿐이다. 얇은 달걀 껍데기 위의 아주 미소한 볼록 오목이 알프스나 히말라야에 지나지 않다.

이 판이 달걀과 하나 다른 것은 판이 깨진 채 꼼짝도 하지 않고 있는 것이 아니고 서로 밀치거나 비벼대거나 하면서 움직이고 있다는 것이다. 판은 거대한 것이므로 그 움직이는 속도도 결코 빠르지는 않다. 인간의 손톱이 자라는 정도의 속도로 움직인다.

마녀 손톱과 같이 되는가. 판의 이동 속도는 1년 걸려 빠른 것이라도 10cm, 느린 것에서는 1cm쯤 된다. 그러나 이렇게 느려도 틀림없이 계속 움직이고 있다.

지구 역사의 길이에 비하면 100만 년 전이나 1000만 년 전은 겨우 어제 같은 것이므로 그동안에는 판은 몇백 km나 움직이게 된다.

판은 움직이는 것만은 아니다. 해저에는 새로운 판이 차례차례 태어나는 곳이 있다. 또 해저에는 판이 다른 판과 부딪쳐서 한쪽 판이 밀려서 지구 속으로 숨어 들어가는 곳도 있다.

숨어든 판은 이윽고 시간이 지나면 지구 속에서 온도가 올라가서 녹아 모습이 사라진다. 판이 없어진다. 즉 해저에는 판이 탄생하는 장소도 묘지도 양쪽 다 있다. 판의 탄생 장소가 해령(海嶺)이고, 판의 묘지는 해구(海溝)라고 부르는 곳이다.

여기서는 무엇이 일어나는지 알아보자.

4. 개구리 친척은 4000㎞ 앞

발톱개구리라는 이름의 개구리가 있다. 크기는 10㎝쯤으로 발가락 끝에 검은 발톱이 있어서 이런 이름이 붙었다. 필자의 아이가 다니는 고등학교에서 길렀을 정도니 본 사람이 많을 것이다.

그러나 이 개구리의 어느 발가락에나 발톱이 있는 것은 아니다. 뒷다리의 안쪽 3개의 발가락에만 있을 뿐이다. 뒷다리에 있는 이 검은 발톱은 물 밑에 있는 진흙 속에 살고 있는 벌레를 파내서 먹기 위하여 사용하도록 발달한 발톱이다.

그럼 이 진귀한 개구리와 지구와는 무슨 관계가 있는가. 실은 이 개구리는 지구가 살아 움직인다는 증인이다. 이 개구리는 세계에서도 극히 한정된 곳에서밖에 살지 않는다. 아프리카 서해안 근처와 남아메리카 동해안 근처이다.

아프리카와 남아메리카. 아무런 관계가 없는 것같이 보일 것이다. 그러나 지구과학의 연구는 재미있는 사실을 발견했다.

이 개구리는 원래 한곳에 있던 것이 지금은 대서양을 사이에 두고 양쪽에서, 즉 4000㎞ 떨어져서 살게 되었다. 아프리카 대륙과 남아메리카 대륙이 갈라져서 떨어져 나갔기 때문이다.

잠시 지도를 보고 아프리카 서해안과 남아메리카 동해안의 모양을 비교해 보자. 마치 직소 퍼즐(Jigsaw Puzzle)과 같이 꼭 모양이 맞는 것을 알게 될 것이다.

개구리는 대륙 이동의 증인

아이슬란드의 해저지진 관측

　지금까지 알게 된 것에 따르면 원래 아프리카 대륙과 남아메리카 대륙은 하나의 대륙이었다. 그러나 약 1억 년 전쯤에 밑에서 마그마가 솟아 올라와서 대륙을 둘로 갈라놓았다.

　그리고 마그마는 그 뒤에도 자꾸 올라와서 둘로 갈라진 대륙은 자꾸 떨어져 갔다. 대륙의 틈새는 녹은 마그마가 굳어진 용암으로 차례차례 메워졌다. 그리고 그 틈새는 대륙보다 낮았기 때문에 다른 데서 바닷물이 흘러들어와 바다가 되었다.

대서양은 이렇게 하여 생긴 바다이다. 지금도 대서양 한가운데서는 이렇게 마그마가 올라와서 냉각되고 굳어져서 새로운 해저가 차례차례 생긴다. 이 틈새는 1년에 약 2㎝씩 퍼지고 있다.

겨우 판이 무엇인가 하는 이야기까지 왔다. 판이란 해저에서 이렇게 하여 생긴 새로운 용암의 퍼짐이다.

대륙을 둘로 갈라놓은 대서양뿐만이 아니다. 태평양에서도 인도양에서도 판은 이곳저곳의 해저에서 마찬가지로 생기고 있다. 필자는 1990년 여름과 1991년 여름, 2년간 계속하여 해저지진계라는 도구를 가지고 대학원생과 아이슬란드로 갔다. 아이슬란드는 대서양의 꼭 한가운데에 있어서 마그마가 섬의 지하에서 솟아 올라오는 섬이다. 세계의 이곳저곳 해저에서 일어나고 있는 것이 세계에서도 신기하게 섬 밑에서 일어나고 있다.

섬 주위의 해저에 해저지진계를 설치하고 섬 안에는 육상용 지진계를 설치하여 입체적으로 지진 활동을 조사하려는, 그리고 새로 태어나는 판의 수수께끼에 도전하려는 2년의 계속적인 연구였다.

판이 너무 천천히 움직이기 때문에 판의 움직임 자체를 측정하는 것은 어렵다. 판이 움직이면 바위가 마찰을 받아 지진이 일어나므로 지진 활동을 조사하는 것은 판의 움직임을 조사하기 위해서 가장 유효한 방법이다.

5. 세계 제일의 산맥은 해저에 있다

바다 밑에서는 새로운 판이 차례차례 태어난다.

이 판이 태어나는 곳은 해령이라고 하는 곳이다. 대양 중앙 해령이라든가 중앙 해령이라고 부른다. 태평양에는 동태평양 해령이, 대서양에는 대서양 중앙 해령이 있다.

해령은 해저에 있는 화산의 열(列)이다. 각각의 화산 꼭대기에서는 용암이 솟아나서 바닷물에 닿으면 냉각되고 굳어져 바위가 된다. 이 바위가 갓 태어난 판이다.

용암이 솟아난다는 점에서는 해령은 화산과 비슷하다. 그러나 다른 점은 하나의 화산이 아니라는 점이다. 열을 지어 몇 개의 거대한 화산이 차례로 늘어선 것이 해령이다.

해령이란 깊은 바닷속을 길게 늘어선 대산맥으로 그 높이는 3000~4000m나 된다. 그러나 바다가 깊기 때문에 산의 꼭대기는 바다에서 얼굴을 내밀지 않는다. 해면보다도 훨씬 밑에 있다. 산꼭대기의 깊이는 보통 수심 2000~3000m 되는 곳에 있다.

해령은 산의 높이로 말하면 일본 알프스 수준이다. 그러나 길이가 많이 다르다. 해령 길이는 몇천 ㎞나 이어지는 것이 보통이고 그중에는 1만 ㎞를 넘는 길이를 가진 것도 있다.

필자가 1990년 여름에 연구하러 간 아이슬란드는 마침 대서양 중앙 해령이 얼굴을 내민 섬이다. 아이슬란드만은 이 해저 화산의 꼭대기가 해

마치 바다 밑과 같은 아이슬란드의 풍경

면에서 나와 있는 예외이다.

대서양 중앙 해령은 북극해에서 시작하여 아이슬란드를 지나 계속 남쪽으로 가서 적도를 넘고 다시 아프리카의 남쪽 끝 먼 바다까지 걸쳐 있다. 여기는 벌써 남극에 가까운 곳이다. 이것만으로도 길이는 1만 3000㎞를 넘는다.

그러나 그뿐이 아니다. 이 해령은 다시 아프리카의 남쪽을 돌아서 인도양까지 이어진다. 세계의 해령 길이를 더하면 7만 5000㎞나 된다. 지구를 두 바퀴 도는 길이가 된다.

대서양 중앙 해령뿐 아니라 다른 해령에도 긴 것이 많다. 어느 해령도 육상의 어느 산맥이 미치지 못할 정도의 큰 산맥이다. 그러나 애석하게도 인간의 눈으로는 이 해저의 대산맥을 볼 수 없다. 바닷속에서도 멀리까지 빛이 닿지 않기 때문이다. 만일 볼 수 있으면 이 해저의 대산맥은 알프스보다도 그랜드캐니언보다도 훨씬 근사한 경치일 것이다.

아이슬란드는 이 대서양 중앙 해령이 마침 등이 높아서 바다 위로 얼굴을 내민 것이다. 홋카이도보다 조금 큰 섬으로 섬이 온통 용암으로 덮여 있다. 그 때문에 나무나 풀은 그다지 자라지 않는다.

아이슬란드는 해저에 있어야 할 경치를 육상에서 볼 수 있는 진귀한 장소이다. 용암이 나와 차례차례 굳어져 가는 출구로 되어 있는 깊게 갈라진 금이 지면 위를 쭉 멀리까지 지나고 있다.

거칠거칠한 바위뿐인 황무지 위에 수평선 멀리까지 거무스름한 화산이 쭉 늘어선 아이슬란드의 모습은 세계의 다른 장소에서는 여간해서는 볼 수 없는 불가사의한 풍경이다.

6. 해령에는 어른과 어린이가 있었다

해저에 있는 세계 제일의 대산맥, 해령에서 차례차례 태어나는 판은 대서양을 밀치고 퍼지게 한 것과 마찬가지로 세계의 이곳저곳 바다를 천천히 밀쳐 퍼뜨리고 있다.

세계에서 제일 넓은 태평양도 이렇게 하여 퍼졌다. 태평양 바닥은 태평양판이라는 판으로 되어 있다. 태평양이 대서양과 다른 것은 해령이 한 가운데 있지 않고 훨씬 동쪽으로 치우쳐 있다는 점이다. 즉 태평양의 중앙 해령은 중남미의 먼 바다에 있다. 그러므로 동태평양 해령이라고도 한다. 기묘한 일이지만 왜 이렇게 동쪽으로 치우쳐 있는가는 아직 모른다.

이 동태평양 해령에서 일본까지는 거리가 1만 ㎞나 된다. 이 1만 ㎞ 사이의 해저는 모두 동태평양 해령에서 나온 용암이 굳어진 바위로 되어 있다.

차례차례 순번으로 해령에서 나왔으므로 해령에 가까울수록 새롭고, 일본에 가까울수록 오래된 용암이 태평양판을 만들고 있다.

그러나 정말로 이 많은 용암이 태평양의 중앙 해령에서 나왔는가. 두께가 약 100㎞나 되는 태평양판을 1만 ㎞나 되는 길이로 만들고 지금도 또한 새로운 판을 계속 만들고 있으니 말이다.

육상의 어떤 화산에서도 이만큼 많은 용암을 낸 일이 없다.

대서양이나 태평양과 같은 큰 바다가 아니라도 훨씬 작지만 해저에서 해령이 활동하고 있는 바다가 있다.

홍해라는 바다를 알고 있는가.

일본에서 유럽으로 배를 타고 갈 때 지나는 수에즈 운하는 홍해의 북쪽 끝에서 지중해까지 사이에 있는 작은 사막을 파내서 만들어졌다. 이 홍해는 너비가 혼슈의 너비밖에 안 되는 좁은 바다이다. 길이도 2000㎞ 쯤이다. 넓이는 일본의 육지보다 조금 넓은 정도밖에 안 된다. 그러나 이 좁은 바다 밑에는 어엿한 해령이 있다.

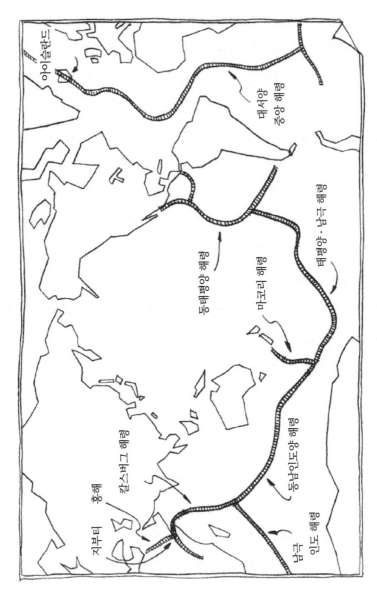

세계의 해령

여기서는 태평양의 중앙 해령이나 대서양 중앙 해령에 비하여 해령의 활동이 약한가. 아니 그렇지 않다. 실은 이 해령은 아직 어린애다. 다른 해령이 훨씬 예전부터 활동하고 있는 어른 해령인 데 비하여 여기에 있는 해령은 늦게 활동을 시작했다. 그러므로 홍해는 아직도 좁다.

태평양 해령은 적어도 2억 년 전부터 활동하고 있었다. 이것은 세계의 해령 중에서도 오래된 편이다. 이에 대해서 홍해의 해령이 활동을 시작한 것은 1500만 년 전쯤이다. 태평양 해령 쪽이 10배나 더 나이를 먹었다.

지금 홍해가 있는 곳에는 원래 대륙밖에 없었다. 그 대륙이 갈라져서 아주 좁은 바다가 생겨 새로운 용암이 해령으로부터 차례차례 나와서 해저가 조금씩 퍼졌다.

장래에는 이 홍해도 대서양과 같은 큰 바다가 될지 모른다. 대서양과 같은 큰 바다도 원래는 작았고 이렇게 해서 생기고 퍼졌기 때문이다.

홍해 바닥에는 뜨거운 물이 솟아나오는 용출구가 많다. 여기에는 지구 속에서 나오는 가스를 비롯하여 여러 가지 금속도 나온다.

대륙이 갈라져서 생긴 홍해도 가장 깊은 곳은 벌써 2000m를 넘었다. 이윽고 더 깊어질 것이다.

7. 해령의 아기가 있었다

실은 홍해보다도 더 새로운 해령이 있다. 세계에서 가장 젊은 해령이다. 새로운 바다가 생긴 것이다. 그런 것을 어떻게 알 수 있는가 생각할지 모른다. 그러나 정말이다.

지도를 보기 바란다. 홍해의 남쪽 끝에서 아덴만(灣)으로 나간 곳에서 좁은 바다가 꺾인 곳이 있다. 여기는 바다 밑을 달리고 있는 해령이 가지로 나눠진 곳이다. 그 해령 줄기에서 나눠진 해령의 가지가 아프리카 대륙 밑으로 뻗고 있다. 이 가지가 세계에서 가장 새로운 해령이다.

나라 이름으로 말하면 지부티라는 작은 나라가 있다. 일본의 시코쿠 정도의 넓이밖에 안 된다. 이 해령의 아기는 홍해에서 가지 나누기하여 지부티 해안에서 육지 밑으로 뻗고 있다.

지부티는 나무도 거의 자라지 않고 바위가 거칠거칠한 사막의 나라이다. 이곳에서는 그때까지 판판하고 아무것도 없었던 육지 위에 갑자기 지면이 솟아올라 새로운 화산이 생겨서 분화하거나 지진이 자주 일어나서 큰 이변이 생기고 있다.

이것은 이 해령의 아기가 이제부터 지부티 나라, 그리고 아프리카 대륙을 둘로 가르려고 하고 있기 때문이다. 해령의 아기 활동이 점점 활발해져서 화산 분화나 지진이 일어나고 있다.

지부티는 원래 프랑스 식민지였는데, 1977년에 독립했다. 인구는 40만 명도 안 된다. 나라에서 가장 큰 산업이 콜라를 수입하여 병에 채우는 공장일 정도의 나라이다.

지부티의 육지 밑에 있는 해령은 아직 바위 밑에 있으므로 볼 수 없다. 그러나 지부티 바로 앞에는 바다가 있고 해저에 잠수하면 지부티로 향해서 뻗고 있는 해령을 볼 수 있다. 이 바다는 타주라만이다.

프랑스의 심해 잠수정이 여기서 잠수 조사를 한 일이 있다. 지질학자들이 심해 잠수정에서 해령을 관찰했다. 그러나 해령 표면만 보았으므로 해령 그 자체의 활동이나 해령의 지하 구조는 아직 거의 알려져 있지 않다.

이 해령의 아기를 상세하게 조사하기 위하여 우리와 프랑스 파리 대학의 학자가 공동으로 타주라만 바닥을 연구하는 계획이 현재 진행되고 있다.

지부티는 작은 나라이므로 관측선이 없다. 우리가 일본에서 가져가는 해저지진계를 현지에서 요트를 빌려 해저에 설치하여 관측할 작정이다. 이 계획이 실현되면 이 아기 해령의 지하 깊은 데서 무엇이 일어나고 있는지 알 수 있을 것이다. 해령 아기란 어떤 것인가 그것이 밝혀질지 모른다.

지부티의 위도는 북위 12°, 아주 더운 나라이므로 봄에서 가을까지의 계절에는 더위에 견디지 못한다고 한다. 관측하려면 겨울밖에 없다.

8. 판이 일본을 만들었다

해령에서 태어난 판은 뒤이어 차례차례 해령에서 판이 태어나기 때문에 자꾸 해령에서 떨어져 멀어지게 된다.

지구의 벨트 컨베이어

이것은 마치 공장에서 만든 것을 벨트 컨베이어에 실어서 내보내는 풍경과 비슷하다. 만든 케이크를 차례차례 벨트 컨베이어 위에 얹히면 먼저 만든 케이크는 앞쪽에, 그리고 지금 막 만든 케이크는 바로 앞에 있게 된다. 판도 이 케이크와 같다. 판이 케이크와 다른 것은 하나하나 나눠져 있지 않고 이어져 있다는 것이다.

이 판의 벨트 컨베이어가 움직이는 속도는 손톱이 자라는 정도로 느리다. 판에 따라 속도가 다르지만, 판 중에서도 빠른 편에 속하는 태평양판이라도 1년에 겨우 10㎝, 느린 편의 대서양판에서는 1년에 약 2㎝밖에 안 된다. 이렇게 느려도 지구 역사 규모에서는 꽤 멀리까지 움직인 것이 된다.

1년에 10㎝ 움직인다고 하면 1만 년은 10만 ㎝가 된다. 이것은 1000m이므로, 즉 1㎞ 움직이게 된다. 그리고 1000만 년이 지나면 1000

㎞나 움직이게 된다. 태평양판은 1억 년 이상을 움직여 왔다. 이 동안에 판의 가장 앞부분은 1만 ㎞ 이상 여행한 것이 된다. 일본은 이 태평양판의 가장 끝에 있다. 즉 태평양판을 실은 벨트 컨베이어의 종점에 있다.

벨트 컨베이어에 실린 판은 자신이 실려서 움직이는 것만이 아니다. 판 그 자체의 등 위에는 다시 여러 가지 것이 실려 있다. 대륙이 갈라진 조각인 섬이 있다. 바다 가운데 외따로 떠 있는 화산섬이나 산호초도 있다.

이들 섬이나 산호초는 세계의 바닷속 이곳저곳에 있는데 어느 것이나 판 속에 깊이 뿌리를 뻗은 것은 아니다. 즉 판 위에 얹혀 있기만 한 것이다.

그뿐 아니라, 바다 밑에는 바다 위에까지 얼굴을 내밀지 않고 해저에서 솟아 있는 많은 산이 있다. 그것은 해산(海山)이라고 부르는 것이다. 또 해저의 산이라고 하기에는 너무도 큰 해저 대륙과 같은 것도 있다. 이 많은 해저에 있는 산도 판에 실려 움직이고 있다.

그럼 태평양판이 벨트 컨베이어로 일본 쪽으로 운반되어 왔을 때, 이들 섬이나 대륙 조각이나 해저 화산은 어떻게 되었는가.

실은 그것들은 일본에 붙어 버렸다.

일본은 태평양에서 운반되어 온 많은 섬이나 화산이, 바람에 날린 나뭇잎이 연못 가장자리에 모이는 것처럼 차례차례 붙어서 생긴 섬이다. 그러므로 일본의 육지 위에는 원래 산호초였던 부분이나 원래 해산이었던 부분을 이곳저곳에서 볼 수 있다. 일본의 육지 위에 있는 바위를 보고 다녀도 옛날 해저를 탐험할 수 있다.

일본을 운반해 오고 지금과 같이 만들어준 주역은 태평양판이라고 할 수 있다.

9. 역사가 – 산호초

산호초가 일본에 붙은 이야기가 나왔다. 여기서 조금 샛길로 들어서 산호초에 대하여 얘기해보자.

우리가 탄 관측선이 남태평양에 있는 산호초 지대에 가까이 갈 때는 배 속의 긴장이 극도로 높아진다. 수면 밑에 숨은 해도(海 圖)에는 적혀 있지 않은 산호초에 좌초(坐礁)할지 모르기 때문이다. 해도는 완전한 것은 아니다. 해도에 적혀 있지 않은 암초는 아직 세계에 얼마든지 있다.

산호초는 수심이 6000m나 되는 판판한 심해에서 별안간 해면까지 솟아 있다. 안심하고서 풀 스피드로 달리면 어느새인가 바다가 갑자기 얕아져서 겨우 20분도 되지 못하여 수면 하에 숨은 산호초에 충돌할지 모르므로 긴장한다. 즉 산호초는 가사이(葛飾北齊)가 그리는 후지산과 같은 모양을 하고 있는 것이 많다.

이 때문에 선원의 한 사람은 바다 깊이를 재는 기계에 달라붙어 수심을 노려보고, 다른 몇 사람은 배의 높은 곳에 서서 앞쪽을 주시한다. 산호초의 바다는 투명하고 깨끗하므로 수면 밑의 산호초라도 잘 보고 있으면 수면색이 감색에서 선명한 녹색으로 변하므로 배가 근처에 다가가는 것을 알게 된다.

산호초는 이렇게 깊은 해저에서 솟은 히말라야 수준의 높은 산의 꼭대기이다.

산호초는 벌레가 만든다는 것을 알고 있는가. 산호충이라는 바닷속의 동물이 만든다. 이 동물은 상당히, 섬세한 생물로서 추운 바다에서는 살 수 없다. 또 아주 얕은 바다에서만 자란다. 조금만 바다가 깊어지면 산호충은 죽어버린다.

지금 오키나와현의 이시가키섬에서도 문제가 되고 있는 것같이, 비행장 공사 등으로 육지에서 흘러드는 토사나 사소한 물의 오염에도 약하다. 청탁(淸濁)을 합쳐서 마시거나 진흙을 뒤집어써도 살 수 있는 정치가와는 다르다.

물이 오염되어도 산호충은 발이 없으므로 달아날 수도 없다. 죽어버릴 뿐이다. 산호충이란 지구상에서도 극히 한정된 따뜻하고 물이 깨끗한 바다에서만 자랄 수 있는 생물이다.

그렇게 사는 곳이 까다로운 산호충이 어떻게 하여 차고 깊은 심해에서 솟은 큰 산을 만들 수 있었는가는 큰 수수께끼이다. 그 수수께끼를 푼 것은 산호초의 깊은 구멍을 타는 지질 조사에서였다. 파보았더니 산호초 밑에는 옛날 해저 화산이 있었다.

먼저 처음에 해저에서 솟아오른 화산섬의 해안 가까운 얕은 바다에 산호충이 붙어서 활동을 시작했다. 산호초가 생겼다. 그 후, 화산 활동이 끝나면 화산섬은 지하의 마그마가 없어져 버리고 오므라들거나, 온도가 내려가면 수축하거나, 또 바다 파도에 깎이거나 해서 섬은 자꾸 작아진다.

산호초는 바다가 깨끗하다는 증거

　산호초는 어떻게 되는가. 산호초도 섬과 더불어 가라앉아 가는데 오래된 산호초 위에 차례차례 새로운 산호충이 붙어서 산호초는 해면 가까운 얕은 바다에서 계속 성장해 간다. 이렇게 섬 자체가 점차 가라앉아 갔을 때도 아래쪽의 산호충은 죽고 차례차례로 새로운 산호충이 얕은 곳에서 자랐다.

　물론 이것은 화산섬이 적도 가까운 따뜻한 바다에 있었을 때의 이야기다. 추운 바다에서는 산호충은 자라지 않는다. 산호충에게 적당한 온도는 25℃에서 29℃이며 1년을 통해 18℃보다 따뜻하지 않는 바다가 아니면 산호충은 죽어 버린다고 한다.

처음에 따뜻한 바다에 있던 화산섬이 판에 실려 추운 바다로 이동해 가면 역시 산호충은 자라지 못하게 된다. 반대로 말하면 홋카이도 먼 바다와 같이 추운 바다에서 산호초가 실린 해산이 발견되면, 그것은 남쪽에서 판을 타고 흘러온 해산이 틀림없다.

사실 이 산호초에서 깊은 구멍을 파는 지질 조사의 대부분은 1950년 무렵에 활발하게 실시된 태평양에서의 미국 핵실험에 관련된다. 이들 핵실험은 산호초에서 실시되었다. 지하에서 핵실험하는 현재와는 달리, 그 무렵에는 주위가 바다로 둘러싸인 산호초 위에서 핵실험을 했기 때문이다.

그러므로 방대한 양의 '죽음의 재', 즉 방사성 물질이 지구의 공기 속에 흩뿌려졌다. 1954년에는 위험 지역 밖에서 물고기를 잡고 있던 많은 일본 어선의 선원이 이 죽음의 재를 뒤집어쓰고 죽은 일도 있었다. 또 그 지방 사람이나 미국 군인도 방사능의 피해를 받았다.

이 핵실험을 실시하기 위한 사전 조사가 지질 조사였다.

산호충은 바다가 깊거나 온도가 내려가도 금방 죽어버릴 만큼 섬세한 벌레이다. 지구과학에서 말하면, 산호충은 지구의 바닷물 온도와 해산의 오르내림이나 바다 수면의 오르내림 변화 역사의 귀중한 기록자이다. 즉, 지구의 먼 옛날의 역사를 몸소 기록한 '역사가'라고 할 수 있다.

만일 이 벌레에게도 의사가 있었다면 핵실험이니 비행장의 토목 공사니 해서 인류라는 생물의 형편 하나로 적당히 이용되거나 운명이 짓밟히는 것을 크게 불만스럽게 여겼을 것이다.

10. 판에는 수명이 있었다

바다 밑에서 새로운 판이 차례차례 태어난다면 지구상에는 판이 너무 많아지는 게 아닐까. 틀림없이 그렇게 된다. 지구 달걀의 크기가 변하는 것이 아니므로 껍데기가 새로 태어난다면 그 태어난 몫만큼 껍데기가 여분으로 남게 된다.

그럼 여분의 판은 어떻게 되는가. 남은 판은 어딘가에서 다른 판과 밀치기놀이를 하게 된다. 예를 들면, 인도가 실려 있는 판은 인도판이라는 판인데, 이 판은 남쪽에서 와서 7000만 년 이상 전부터 유라시아판과 부딪쳐서 서로 밀치고 있다. 히말라야의 높은 산들은 이 판의 밀치기에서 생긴 것이다. 양쪽에서 밀치는 동안에 솟아올랐다.

히말라야나 알프스의 높은 산 위에서 물고기나 조개 화석이 발견되는 일이 있다. 새나 동물이 날라 온 것이 아니다. 왜 이런 화산이 산 위에 있는가, 옛날에는 큰 의문이었다. 노아의 방주 시대에 대홍수가 날라 온 바다 동물, 악마가 사람들을 속이기 위하여 날라 왔을 것이라고 믿었다. 물고기 모양을 하고 공중을 헤엄치는 생물임에 틀림없다고 진지하게 연구한 학자조차 있었다.

그러나 지금은 원인을 알고 있다. 이것은 몇천 m라는 높은 곳이라도 옛날엔 바다 밑이었다는 것을 나타낸다. 즉 해저였던 판 표면이 밀치기놀이를 하는 동안에 여기까지 올라와 버렸다. 지금도 인도판은 움직이고 있어서 히말라야산맥은 조금씩 높아지고 있다. 그러므로 지금 세계 제일의

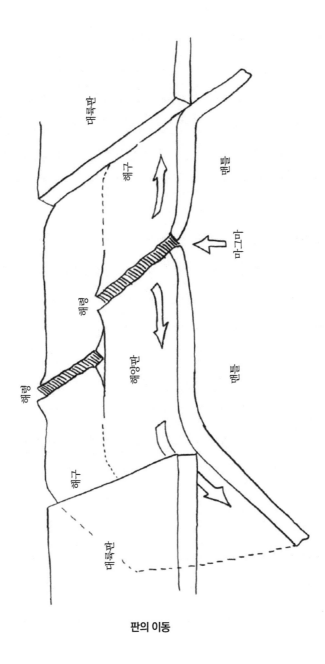

판의 이동

산 에베레스트는 장래에는 더 높아질 것이다.

그러나 아무리 밀쳐도 판이 서로 밀쳐 몇십 ㎞라든가 몇백 ㎞나 되는 높이로 겹치는 일은 없다. 끝 쪽이 조금 부풀어 오를 뿐이다. 히말라야와 같은 대산맥이라도 지구에 있어서는 조금 부풀어도 만들어진다.

그러나 히말라야와 같이 판이 서로 밀쳐서 솟아오르는 것은 예외이다. 세계의 대부분의 장소에서 서로 밀치고 있는 판은 한쪽이 밀쳐져서 지구 속으로 가라앉아 버리는 것으로 승부가 난다.

세계에서 가장 깊은 바다는 해구에 있다고 얘기했다. 해구란 판이 밀치기놀이를 하여 한쪽 판이 밀쳐져서 지구 속에 들어가는 곳이다.

판에는 2종류가 있다. 태평양판과 같이 해저에 있는 판을 해양판이라고 한다. 필리핀해판도 해양판이다. 한편 유라시아판이나 인도판과 같이 위에 육지가 실린 판을 대륙판이라고 한다.

밀치기놀이에서 지는 것은 해양판 쪽이다. 태평양판과 유라시아판이 서로 밀치는 곳에서는 태평양판이 져서 지구 속으로 숨어들어가 버린다.

지구 속으로 들어간 판은 어떻게 되는가. 그것은 주위의 온도가 높기 때문에 점차 뜨거워지고 이윽고 녹아 버린다. 즉 형태가 없어지고 사라져 버린다.

해령에서 차례차례 태어나는 판은 손톱이 자라는 정도의 속도로 점차 해령에서 멀어지고 이윽고 해구에서 사라진다. 이것이 판의 일생이다. 판의 일생은 짧아도 몇백만 년, 길면 1억 년 이상으로 긴 것이다. 그래도 지구가 생기고 나서 현재까지의 시간인 약 46억 년에 비하면 판의 수명은 짧다.

지구 역사 속에서 판은 차례차례 태어나서 각 여로 끝에 차례로 죽어 갔다.

11. 지구 깊은 곳에서 돌아온 나그네

줄리 모리스 양은 미국 캘리포니아주의 산속에 있는 작은 마을에서 태어나 그 고장에서 고등학교를 마친 여성이다. 그 고장은 눈앞에 높은 산이 바로 보이는, 경치가 좋은 마을이었다.

고등학교를 마친 모리스 양은 캘리포니아 대학의 문학부에서 심리학을 전공하고 있었다. 대학을 마치면 학교 선생이 될 계획이었다. 1970년대 말의 일이었다.

그러나 대학에서 공부하는 동안에 그녀의 인생은 극적으로 변했다. 당시 대학 3학년 때였다. 그것은 마침 필수로 수강한 지구과학 수업이었다. 교수가 뛰어난 선생님이었음에 틀림없다. 교수가 가르쳐준 지구 소설에 그녀는 충격을 받았다. 그때까지 보지도 못한 세계였다. 그리고 그녀는 심리학을 그만두고 자연과학자로 살아가기로 결심했다.

원래 오락이 적은 시골 마을에서 공부가 즐거움의 하나였던 그녀는 노력가였다. 그때까지 문과계 쪽이었으므로 제대로 하지 않은 수학과 물리학을 맹렬하게 공부하기 시작했다. 공부에 열중한 나머지 흔히 점심을 먹는 것을 잊을 정도였다.

지금 그녀는 미국의 수도 워싱턴에 있는 카네기 지구물리학 연구소의 인기 있는 연구원으로서의 생활을 보내고 있다. 그때까지 아무도 생각하지 못한 아이디어를 가진 주제로 화려하게 활약하고 있으므로 인기 연구원이다. 모리스 양이 연구하고 있는 것은 베릴륨 텐(10Be)이라는 동위 원소이다.

방사성 동위 원소라는 것을 아는가. 베릴륨 텐은 베릴륨이라는 스프링 등에 사용되고 있는 금속의 형제뻘 되는 금속이다. 이것은 극히 약한 방사능을 가지고 있어서 방사능을 가지지 않는 형제뻘 베릴륨과 구별할 수 있다.

그리고 그 방사능을 추궁함으로써 베릴륨 텐이 어디에 갔는가를 추적할 수 있다. 베릴륨이 아니지만 마찬가지 방사성 동위 원소를 신체 속에 넣어 신체 중에서 어디를 흘러서 어디로 갔는가의 진단을 위하여 사용하는 일이 흔히 있다.

방사능의 세기는 방사성 동위 원소에 따라 다르지만 시간이 지나면 조금씩 약해진다. 진단을 위하여 신체에 넣는 방사성 동위 원소는 약해지는 것도 빠른데, 베릴륨 텐의 경우는 150만 년 걸려도 절반 세기밖에 되지 않을 정도로 느리다. 학문적인 말로 하면 반감기가 150만 년인 방사성 동위 원소이다.

베릴륨 텐은 공기 중에서 얼마든지 산소나 질소 원자에 우주에 내리쬐는 우주선이 충돌했을 때 생기는 방사성 동위 원소이다. 즉 베릴륨 텐은 공기 중에 자연히 생긴다. 그리고 비에 섞여서 지표나 바다에 떨어진다.

육지에 떨어진 것은 바람이나 강물로 운반되기도 하여 어디론가 가버리므로 추적하기 어렵다.

그러나 바다에 떨어진 것은 해저에 가라앉고 해저에 있는 해양판 위에 조용히 침전한다. 심해저에는 거의 흐름이 없으므로 마린 스노우(Marine Snow; 海雪, 심해를 침하해가는 각종 플랑크톤의 시체가 눈처럼 보이는 것)와 함께 조용히 바다 속에 떨어져 가서 조용히 해저에 쌓인다.

해저에 떨어진 베릴륨 텐은 어떻게 되는가. 해저판은 손톱이 자라는 속도로 천천히 움직인다. 이윽고 해양판은 해구에서 대륙판과 부딪쳐 지구 속으로 깊이 가라앉는다는 것은 앞에서 얘기했다.

숨어들어간 해양판은 이윽고 그 일부가 녹아서 마그마를 만든다. 판의 일부가 녹는 데는 온도라든가 압력이라든가, 거기에 있는 바위 속에 수분이 있는가 어떤가 하는 여러 가지 조건이 있다. 그 근방에서 무엇이 일어나고 있는가는 아직 충분히 알려지지 않았다. 마그마가 생기는 장소는 지하 100~200km 되는 곳이다. 이 마그마가 올라오면 어떻게 되는가. 그것이 화산이다.

판에 얹힌 베릴륨 텐은 어디로 갔는가. 베릴륨 텐은 판의 맨 위에 얹혔으므로 판이 숨어들 때도 운명을 같이하여 함께 지구 속으로 숨어든다. 그 후 판이 녹았을 때는 어떻게 되는가. 베릴륨 텐은 마그마 속에 섞인다. 이윽고 베릴륨 텐은 마그마와 함께 지구 표면까지 올라온다. 해구에 숨어들었다가 지표로 되돌아올 때까지 몇백만 년이나 걸리는 긴 여행이다.

이 동안에 베릴륨 텐이 어떻게 되는 것이 아닌가.

돌아온 베릴륨 텐

방사성 동위 원소는 삶든 굽든 변화하지 않을 만큼 강하다. 판과 함께 지구 속으로 숨어들고, 판이 마찰을 일으켜 대지진을 일으킬 만한 격렬한 마찰을 받거나 1000℃를 넘는 높은 온도에 노출되어도 태연하게 살아남을 수 있다. 몇백만 년이 지나고 나서 다시 지구상에 나타났을 때도 '옛모습 그대로'이다. 이것이 방사성 동위 원소의 장점이다.

어디에 가면 돌아온 베릴륨 텐을 찾을 수 있는가.

그것은 화산에서 나온 용암을 조사하면 된다. 즉 일본에서도 캄차카나 인도네시아의 화산에서도 분출한 용암 속에 있는 베릴륨 텐은, 옛날 태평양 해저에 있던 것이 지구 속 깊이에까지 숨어들었다가 지표로 돌아온 '증인’이다.

돌아온 베릴륨 텐은 질량 분석기라는 정밀한 측정기로 양을 조사한다. 베릴륨 텐은 원래 지구 내부에는 없던 것이다. 찾아내면 그것은 일찍이 바다 밑에 내려 쌓인 것이 가까스로 되돌아온 것임에 틀림없다.

시간으로 말하면 몇백만 년. 이동한 거리로 말하면 몇백 몇천이라는 긴 여행을 하고 파란만장한 생애 끝에 되돌아온 베릴륨 텐 은 이렇게 ‘검출’된다.

이 ‘증인’을 이곳저곳의 화산에서 모으기 위하여 모리스 양 자신도 관측선을 타고 해저 화산의 바위를 채취했다. 또 육상에서도 인도네시아의 화산 지대의 정글 속을 돌아다녀 흡혈거머리나 모기떼에 시달리면서 화산 바위를 수집했다.

평소 모리스 양이 일을 하는, 질량 분석기가 있는 실험실은 백의와 고무장갑으로 실험을 하는, 먼지 하나 없는 방이다. 물론 에어컨 시설도 잘 되어 있다. 흔들리는 관측선 위도, 인도네시아의 정글도 그녀에게는 전혀 다른 세계에 대한 체험이었다.

인도네시아에서는 어디에 가도 많은 어린이들이 그녀를 쫓아왔다. 백인을 본 일이 없었던 모양이다. 어느 마을에서는 그녀의 피부가 어떤 흰색을 칠한 것인 줄 알고, 용감한 아이들이 피부를 문질러 보면 칠한 흰색이 벗겨지지 않을까 하고 직접 ‘실험’하러 오기도 했다.

필자가 있는 홋카이도 대학에서는 지질학 교수가 가지고 온 홋카이도나 지시마의 화산암을 모리스 양에게 주었더니 대단히 기뻐했다.

이 화산에서 나온 '증인'을 조사하면 숨어들어간 판에서 어디에서 어떻게 하여 마그마를 만드는가, 그 마그마는 얼마만큼의 시간이 지나고 올라오는가 알 수 있다. 아직 풀리지 않은 지구과학의 수수께끼이다.

모리스 양의 연구 결과로는 홋카이도 남부의 화산암에서는 다른 것보다도 많은 베릴륨 텐이 나왔다. 베릴륨 텐이 숨어들기 쉬웠던 이유가 있는 것이 틀림없다.

이것은 중요한 일이다. 어디서든지 마찬가지로 일어난다고 생각하던 태평양판의 숨어들기가 실은 장소마다 다르다는 새로운 발견이 되었기 때문이다.

그 밖에 동해나 오호츠크해도 솟아오른 마그마가 육지를 가르고 해저를 밀어 올려 퍼져서 만들어진 것이다. 베릴륨 텐 연구는 이 바다가 어떻게 생겼는가 하는 수수께끼에도 도전하고 있다.

3장

지진과 화산의 원흉

1. 지진국-비지진국의 불공평

언젠가 도쿄에 세계 각국의 지진학자가 모여서 국제적인 학회가 열린 일이 있었다.

그때 밤중에 약한 지진이 있었다. 일본인이라면 조금 놀라도 아, 지진인가 하는 정도의 지진이다. 그러나 세계의 지진학들은 자리를 박차고 일어났다. 복도에 나와서 이게 뭔가 하는 소동이 벌어졌다.

실은 지진을 모르는 지진학자는 많다. 그것은 세계에서 지진이 일어나지 않는 나라 쪽이 많은 탓이다.

미국이나 러시아의 대부분에서는 지진이 일어나지 않고, 독일과 프랑스, 영국에서도 좀처럼 지진이 일어나지 않는다.

그럼 지진을 몰라도 지진학자라고 할 수 있는가. 동물을 본 일이 없는 동물학자 같은 것이 아닌가라고 생각할지도 모른다.

그러나 그렇지 않다.

가령 그 나라에서 지진이 일어나지 않아도, 지진학은 지구 내부를 조사하기 위한 중요한 수단이기 때문이다. 그러므로 지진이 일어나지 않아도 지진학이 활발하여 지진학자가 많은 나라가 많다.

미국의 어린이용 지진책은 지진을 모르는 어린이들에게 지진이란 어떤 것인가 설명하는 데서 시작된다. 즉 태어나서 한 번도 지진을 체험한 일이 없는 어린이가 미국에는 많다. 이렇게 세계에는 지진이 일어나지 않는 나라 쪽이 훨씬 많다는 점에서 봤을 때 일본은 세계에서도 유수한 지

지진 메기는 불공평

진국이다.

그런데 일본보다도 훨씬 불행한 지진국도 있다. 바로 이란이다. 세계에서 기록에 남아 있는 가장 오래된 지진은 기원전 3000년에 이란에서 일어났다. 그 이후 현재의 이란 영토 내에서만 1만 명 이상의 희생자가 생긴 지진만 해도 35회나 있었다. 1990년 6월에 일어난, 5만 명이나 되는 희생자를 낸 지진을 기억하는 사람도 많을 것이다.

이란에서 지금까지 일어난 지진 희생자의 총 수는 무려 200만 명을 넘는다. 일본에서는 지진에 의한 희생자 총 수가 80만 명쯤 되므로 이란 쪽이 훨씬 많다.

더욱이 이란이 불행한 것은 최근 30년간 희생자가 1만 명이 넘는 지진이 4회나 엄습한 것이다. 최근 지진이 없는 일본과 비교하면 이란의 최근 지진 피해는 비참할 정도이다.

일본에서는 14만 명 남짓이 희생된 1923년의 간토(關東) 대지진 이래 대규모적인 피해가 없다. 과거의 재해에 대해서도 전쟁에 대해서도 잘 잊어버리는 일본인이므로 일본에 다시 대지진이 오는 것을 잊어버리고 있는 건 아닌지 우리 지구물리학자들은 걱정이다.

일본의 바로 근처에 있는 한반도에는 피해를 일으키는 지진은 일어나지 않는다. 또 쿠릴이나 사할린의 일부에서는 지진이 일어나도 연해주나 시베리아 등 독립국가연합의 대부분 지역에도 지진은 일어나지 않는다. 지진이 일어나지 않는 나라라고 지진에 의한 피해가 없는 것만은 아니다.

필자는 독립국가연합이나 아르헨티나의 부에노스아이레스에서 높은 빌딩을 건축하고 있는 공사 현장을 본 일이 있다. 기둥을 세우고 바닥을 얹고, 그 바닥 위에 다음 층의 기둥을 세우고 하는 식으로 마치 나무 쌓기 놀이로 집을 짓는 것 같은 건축 방식으로 건설하고 있었다.

이런 나라에서는 주택이나 빌딩을 지을 때도 일본보다 훨씬 가는 기둥이나 약한 벽을 사용할 수 있다. 즉 훨씬 싸고 간단하게 주택이나 빌딩을 지을 수 있다. 참으로 불공평하지 않은가.

어째서 지진은 이렇게 불공평하게 일어나는가.

2. 지진 메기는 판이었다

바다 밑에는 깊고 긴 골짜기가 지나가는 일이 있다. 예를 들면 일본의 미야기현, 이와테현의 해안에서 동쪽으로 200㎞쯤 나가면 바다 깊이가 자꾸만 깊어져서 이윽고 7000m를 넘어 버린다. 8000m를 넘는 곳도 있다.

그러나 그대로 깊어지는 것은 아니다. 더 멀리서는 바다는 조금 얕아져서 6000m쯤 된다. 그리고 이 6000m 깊이는 그 앞 몇천 ㎞나 이어진다. 이 가장 깊은 곳은 골짜기와 같이 되어 있고 그 골짜기는 남북으로 뻗고 있다. 이것이 일본 해구이며 그 길이는 800㎞쯤 된다. 해구란 판이 밀치기놀이를 하여 한쪽 판이 밀치기에 져서 지구 속으로 들어가고 있는 장소이다.

판은 두께가 70㎞에서 150㎞나 되는 바위판이므로 밀치기에 진다고 해도 그 밀치기는 어중간하지 않다. 그 최전선에서는 대단한 힘이 걸려서 아무리 단단한 바위라도 뒤틀리거나 파괴된다. 바위가 파괴된다는 것은 무엇을 뜻하는가. 실은 이것이야말로 지진이다. 빽빽이 눌리고 있던 바위가 끝내 참지 못하여 파괴된다. 이때 지진이 일어난다.

하물며 판은 두껍고 큰 것이므로 때로 큰 바위는 파괴된다. 매그니튜드(지진의 규모를 나타내는 척도) 8급의 거대한 지진은 특별히 큰 바위가 파괴되었을 때 일어난다.

큰 지진뿐만 아니다. 중간 정도의 바위도, 작은 바위도 파괴된다. 이것이 중간 정도의 지진이나 작은 지진을 일으킨다.

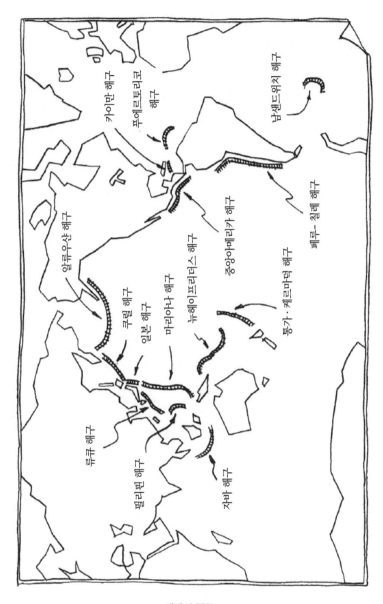

세계의 해구

일본 해구 근처에서 감도가 높은 해저지진계를 사용하여 지진 관측을 하면 1년에 몇만 번이나 되는 대단한 수의 지진이 일어나는 것을 알게 된다.

이 중 대부분은 인간이 느끼지 못하는 작은 지진이다. 그러나 매일매일 대단한 수의 지진이 일어나고 있다. 옛날 사람들은 지하에 지진 메기가 살고 있어서 지진을 일으킨다고 믿었다. 이 지진 메기는 실은 판이었다.

일본에 일어나는 지진 중 85% 정도는 해저에서 일어난다. 나머지 15%만이 육지 밑에서 일어나게 된다. 이렇게 일본에서 일어나는 지진의 최대 원인은 바다 밑 판이 밀기 때문이다.

태평양 밑뿐만 아니라 일본의 육지 밑이나 동해 밑에서도 지진이 일어난다. 이들 지진은 바다판에 밀린 일본 열도가 뒤틀리거나 휘어 일으키는 원인에 의한 것이다. 일본 해구나 그 근처에서 일어나는 지진이 일차적인 원인에 의한 것이라고 하면, 이들 지진은 이차적인 원인에 의한 지진이다.

물론 이차적인 원인에 의한 지진일지라도 원인과 그것이 일으키는 지진 피해는 별도의 것이다. 그 지진이 직하형(直下型)으로 일어나면 큰 피해가 생길 가능성도 있다.

어떤 지진도 깔보면 안 된다.

3. 해일은 해저의 재채기다

지진이 일어날 때 바위가 파괴된다고 얘기했다. 그 현장에서 무엇이 일어나는지 자세히 살펴보자.

예전에는 학자 사이에서도 여러 가지 학설이 있었다. 큰 구멍이 지하에 뻐끔히 뚫려 있어서 그 구멍이 메워지는 것이 지진이라는 설이 있었고, 땅 밀리기가 원인이라는 설도, 지하의 마그마가 갑자기 움직이는 것이 원인이라는 설도 있었다.

지진 현장에서 무엇이 일어나고 있는 것이 알려진 것은 약 30년 전이었다. 그에 의하면 단층(斷層)이 지진을 일으키고 있었다. 단층이란 바위 속에 있는 갈라진 틈이다. 하나로 이어졌던 바위가 갈라져 서로 틈새에서 미끄러져서 단층이 태어난다. 이런 단층이 생기는 것이 지진이다. 하나로 이어진 바위가 아니라도 다른 바위끼리의 경계가 미끄러지는 것도 단층이다. 즉 판과 판의 경계도 지진을 일으키는 단층의 일종이다. 이런 단층은 육지에도 바다에도 있는데, 해구에서 서로 밀치고 있는 판과 판의 경계는 세계에서 가장 큰 지진을 일으키는 단층이다.

대지진이 일어나도 그것으로 그치는 것이 아니다. 판은 계속 움직이므로, 해저에서는 대지진이 일어난 다음 날부터 그다음 지진을 일으키는 준비가 벌써 시작되고 있다.

이 단층은 하나의 대지진을 일으킨 뒤에 잠시 참고 있지만, 이윽고 더 참지 못하게 되면 다시 미끄러져서 대지진을 일으킨다. 2회나 3회가 아니다. 지진은 각각의 장소에서 이렇게 해서 몇십 회, 몇백 회라도 되풀이된다.

대지진이 되풀이된다고 하는 것은 이 때문이다. 일본인은 불행한 장소에서 태어났다고? 틀림없이 그렇다.

그러나 앞에서 얘기한 것처럼 판의 움직임이 없었으면 일본 열도 그 자체는 태어나지 않았을 것이다. 일본 열도는 판이 날라온 섬이나 해산이 모자이크와 같이 붙어서 생긴 섬이기 때문이다.

내가 만들어 준 섬에 제멋대로 살기 시작한 주제에 무슨 소리냐고 판이 말할지 모른다. 틀림없이 앞뒤 관계를 생각해 보면, 지진이 몇백만 년쯤 되풀이하여 일어나고 있는 일본 열도에 어디서부터인지 일본인이 흘러들어 와서 살기 시작했다. 몇백만 년쯤 계속 일어나고 있는 현상에 수만 년밖에 안 되는 신참자가 불평할 까닭이 없는지도 모른다.

그건 고사하고, 우리가 이 나라에서 산이나 강을 사용하고 온천을 즐길 수 있는 것도, 요컨대 같은 메커니즘으로 되어 있기 때문이다.

판이 대지진을 일으킬 때 해저에 있는 판은 마치 재채기를 했을 때의 배처럼 갑자기 부풀었다가 오그라든다. 판과 판 사이에 있는 단층을 경계로 하여 저쪽과 이쪽 판 사이에서 바위가 갑자기 어긋나게 되기 때문이다.

바다는 어떻게 되는가. 바로 해일이 일어난다. 판이 갑자기 움직이면, 그 위에 있는 바닷물이 갑자기 밀어 올려지거나 움푹 패기도 한다. 이렇게 해서 일어난 파도는 연못에 돌을 던지면 생기는 파문과 같이 사방팔방으로 퍼진다. 이것이 해일이다.

해일이 퍼져가는 속도는 바다가 깊을수록 빨라진다. 태평양 한가운데는 깊이가 6000m쯤 되는 판판한 해저가 이어지고 있는데, 여기서 해일은 제트기 수준의 속도로 나아간다. 바다가 얕으면 훨씬 느리다.

1960년에는 남아메리카 칠레의 먼 바다에서 세계에서도 최대급의 큰 지진이 일어나서 해일이 생겼다. 이 해일은 일본을 덮쳤다. 23시간이 걸려 태평양을 횡단하여 왔다. 이 해일로 일본에서만 140명의 사람이 죽거나 행방불명이 되었다.

해일은 해안이나 만의 모양에 따라서는 들어왔을 때보다도 훨씬 커진다. 가장 위험한 것은 만이 안으로 들어갈수록 너비가 좁아지는 V자형 만 모양으로, 해일 높이는 만의 안쪽으로 갈수록 높아진다.

이 때문에 이런 위험한 만에서는 방조제를 만들어 해일 피해를 방지하고 있다. 이와테현의 산리쿠 해안에 있는 다로정에서는 1896년과 1933년 2회에 걸쳐 산리쿠 먼 바다의 매그니튜드 8급의 대지진으로 일어난 해일로 괴멸적인 피해를 입었는데, 그 후에 높이 10m, 길이 1400m에 이르는 큰 방조제를 만든 덕분에 다시 해일 피해를 입지 않게 되었다.

일본의 눈앞 바다에서 일어나는 가까운 지진에서는 말할 것도 없이 해일을 경계해야 한다. 그러나 가까운 지진뿐만 아니라 이렇게 먼 지진으로부터도 해일은 온다.

지진으로 죽은 약 6000명의 칠레 사람이나 일본 사람에게는 미안한 일이지만 이 칠레 지진은 사상 최대의 지진이었다.

지진 크기를 나타내는 수에 매그니튜드가 있는 것을 알고 있다. 매그니튜드 4는 화사 분화 때 일어나는 화산성 지진 중에서도 최대의 것, 매그

해일의 피해를 방지하고 있는 이와테현 다로정의 방조제

니튜드 8이면 도카치(十勝) 먼 바다 지진급의 거대 지진이다.

1933년에 일어난 산리쿠 먼 바다 지진과 1960년에 일어난 칠레 지진은 모두 매그니튜드 8.3이었다. 둘 다 일본에서는 해일로 큰 피해를 입었다. 그러나 지진으로는 칠레 지진 쪽이 자릿수가 다를 만큼 컸다.

이 지진 때는 지구 자전이 미소하게나마 어긋났을 정도였다. 또 범종의 여운과 같이 이 지진 뒤의 며칠간에 걸쳐서 지진이 계속 진동했던 것도 지진계 기록으로 알려졌다.

그러나 세계 최대 지진이 지구를 절반으로 갈라놓는 지진이 아니었던 것은 인류에게는 불행 중 다행이라고 할 수 있다.

왜 매그니튜드가 같은데도 지진의 크기가 다른가.

매그니튜드는 지진의 크기를 나타내는 숫자일 것이다. 그런데 성질이 다른 여러 가지 지진의 크기를 단지 하나의 매그니튜드라는 숫자로 나타내는 것은 상당히 무리가 있다.

현재, 매그니튜드에는 7가지 다른 표현법이 있다. 하나의 지진이라도 7가지 다른 매그니튜드가 기록되는 일도 있다.

원래 매그니튜드는 1930년대에 리히터라는 지진학자가 당시 미국에서 사용되던 지진계의 기록을 읽고 지진 크기를 정하는 스케일을 만든 것이 시초이다. 리히터는 미국에서 첫째가는 지진 주인 캘리포니아주에서 일어나는 지진의 크기를 정하기 위하여 이 스케일을 만들었다.

그러나 캘리포니아에서는 일본과 같은 깊은 지진은 일어나지 않는다. 판의 가장 위에서만 지진이 일어나지 않는 곳이다. 이 때문에 깊은 지진이나 먼 지진을 이 캘리포니아의 스케일로 정했더니 이상한 일이 많이 생겼다. 세계의 다른 장소에서 사용되고 있던 지진계에서 사용하기 거북한 스케일이었다. 즉 이 최초의 매그니튜트는 세계적으로는 통용되지 않는 스케일이었다.

이 때문에 지진의 매그니튜드를 결정하기 위해서는 다른 방법을 정해야 했으므로 여러 가지 매그니튜드의 표현방법이 만들어졌다. 그러나 유감스럽게도 어느 매그니튜드라도 아직은 만능이 아니다. 원래 매그니튜드란 물건의 무게를 kg으로 재거나 길이를 m로 재는 것 같은, 누가 언제 재도 같은 숫자가 되는 단위가 아니다.

지진의 크기와 소리의 크기는 비슷하다. 제트기나 신칸센 등의 소음이나 소리의 크기를 젤 때는 소음계를 사용하여 트라이앵글과 같은 소리도, 북과 같은 낮은 소리도 함께 측정한다.

그렇지만 박쥐에게밖에 들리지 않는 높은 소리가 아무리 세게 나오고 있어도 소음계는 느끼지 못한다. 이것은 귀로 들었을 때의 소리 느낌에 맞추어져 있다.

이 소음계의 스케일에 비하면 지진의 매그니튜드는 측정 방식이 상당히 다르다. 매그니튜드는 어떤 높이의 음 크기만을 측정하는 것과 마찬가지이다.

지진계 중에 단지 하나로 모든 주파수를 기록할 수 있는 것은 거의 없다. 그러므로 성능이 좋은 마이크로폰에는 미치지 못한다. 여러 가지 지진계로 조사하면, 지진에 따라서는 예전 지진계가 느끼지 못하는 주파수의 흔들림을 다른 지진보다도 훨씬 많이 낸다는 것을 알게 되었다.

특히 특대급 지진은 매그니튜드를 결정하는 주기의 지진파의 세기는 보통의 대지진급이라도 더 긴 주기의 지진파를 강하게 내고 있다는 것을 알게 되었다. 즉, 예전 매그니튜드 스케일로는 포화되어 지진의 크기를 구별할 수 없게 되었다.

이 때문에 그때까지 같은 급의 대지진이라고 생각되던 것이라도 지진의 '품위'의 크기가 상당히 다른 것이 있는 것을 알게 되었다.

이렇게 해서 정해진 매그니튜드의 결정 방식이 7가지 중에서 가장 신인이다. 이 매그니튜드에는 어떤 대지진이라도 포화되지 않는 장점이 있지만, 한편 작은 지진이면 한 곳 지진계만으로 매그니튜드를 결정할 수 없으므로 이곳저곳 지진계의 기록을 모아서 비교할 필요가 있다. 즉, 지진 뒤에 금방 매그니튜드를 결정하여 발표할 수 없으므로, 이것으로는 텔레비전도 신문도 난처해진다.

또 이 매그니튜드는 지진에 따라서는 인간이 느끼는 지진의 대소와 매그니튜드의 대소가 반대로 결정된다는 결점도 있다. 그러므로 그때까지 사용되는 매그니튜드를 이 최신 매그니튜드로 바꿔치우지도 못한다.

같은 매그니튜드라도 여러 가지 어려움이 있다.

4. 일본 해구를 잠수해 보면

판이 밀치기놀이를 하여 한쪽 판이 져서 지구 속으로 숨어들어 가는 장소, 그것이 일본 해구이다. 이 밀치기놀이가 일본의 지진을 일으킨다.

필자는 심해 잠수정을 타고 이 일본 해구 바닥까지 내려간 일이 있다. 일생 잊지 못할 만큼 흥미 있는 경험이었다. 필자가 탄 것은 프랑스의 심해 잠수정 '노티르'호였다. 1985년 여름의 일이었다.

해구는 판이 숨어들어 가고 있는 장소이므로 해구 바닥에 판의 움직임을 측정하는 기계를 설치하려는 것이 우리의 실험이었다. 이것도 세계에서 처음 하는 시도로 해저경사계(海底傾斜計)라는 기계였다.

필자가 잠수한 곳은 일본 해구의 북쪽 끝으로 일본 해구와 쿠릴 해구가 마침 합쳐지는 곳이다. 여러 해구 바다에는 에리모 해산이라는 산이 솟아 있었다. 후지산 정도의 높이를 가진 큰 산인데, 해구 바닥이 깊어서 산의 꼭대기조차도 4,000m나 되는 심해에 잠겨 있다.

잠수해 보니 놀랍게도 이 해산은 산호초였다. 물론 이런 추운 바다로 4,000m나 되는 심해에서 산호초가 자랄 턱이 없으므로 산호충은 죽어 버렸다.

그러나 앞에서 얘기한 것처럼 산호충은 지구의 역사이다. 산호초가 여기에 있었다는 것은 에리모 해산이 옛날에는 적도 가까이에 있었고, 또한 머리가 해면 바로 가까이 있었음을 증명한다. 그리고 에리모 해산은 태평양 판의 운동과 더불어 적어도 4,500㎞의 긴 여행을 하여 지금 여기에 있다.

색깔은 황색으로 머리가 둥글고, 꼬리 쪽으로 가면서 전체가 가 늘게 되어 있으므로 전체 모양은 고래와 비슷하다.

잠수정 속에서 사람이 타는 곳은 지름 겨우 1m의 금속구에 지나지 않는다. 더욱이 그 속에는 조종 기계가 벽에서 천장까지 꽉 차 있다.

세 사람이 탄다. 그중 두 사람은 엎드리고, 한 사람은 그 두 사람 사이의 작은 의자에 무릎을 안고 앉는다. 바닥에 누운 사람은 파일럿과 과학자, 뒤에 앉은 사람은 부파일럿이다. 즉 손님은 한 사람밖에 탈 수 없는 탈것이다.

파일럿과 과학자 앞에는 각각 작고 둥근 창이 있다. 창 지름은 겨우 12㎝밖에 안 된다. 이 때문에 코가 유리가 닿을 만큼 얼굴을 가까이 대지 않으면 밖의 경치가 보이지 않는다.

심해 잠수정은 깊은 바다의 강한 수압에 견디어야 하는 특수한 탈것이

프랑스의 심해 잠수정, 노티르호

므로 사람이 타는 장소는 작게 뒤치락거릴 수도 없을 정도로 좁다.

심해에 잠수해 보면 놀랄 일뿐이다. 바닷속이 이렇게도 아름답고 또 별난 세계라는 것은 상상조차 하지 못했다.

잠수하기 시작하자 주위 경치는 차츰 푸르러졌고, 점점 어두워져 갔다. 밝은 낮 동안에 잠수했는데도 100m까지 잠수하자 벌써 주위는 땅거미가 진 세계였다.

그 앞은 새까맣다. 그 뒤 몇천 m를 잠수해도 어두운 것은 마찬가지였다. 파일럿이 램프 스위치를 켰다. 필자는 숨을 삼켰다. 창 밖에는 유리구슬과 같은 반투명 입자가, 심한 눈이 내리는 것처럼 차례차례 램프 빛 속으로 나타났다가 다시 사라졌다.

그 눈 입자는 보면 볼수록 아름다웠다. 작은 것은 모래알 정도, 큰 것은 마치 목걸이의 구슬처럼 30㎝나 이어져 있다. 팔딱팔딱 움직이는 것도 있다. 긴 꼬리를 끌고 있는 것도 있다. 필자가 보는 앞에서 자꾸 모양이 변해 가는 것도 있다.

하나같이 같은 모양을 한 것은 없다. 붉은 기를 띤 것도 노란 기를 띤 것도 여러 가지 색깔이 차례차례 나타났다가 사라진다. 확 눈에 띌 만큼 선명한 녹색으로 빛나는 것도 있다.

그 경치는 아름답고 언제까지 보고 있어도 지루하지 않았다. 마린 스노우(marine snow). 바닷속에서 내리고 있는 눈과 같은 것이므로 마린 스노우라고 부르는 것이다. 바닷속은 플랑크톤이나 물고기나 게의 새끼 같은 작은 생물이나 그 시체로 가득 차 있다. 그것들은 바닷속을 떠돌면서 천천히 천천히 해저를 향해서 떨어져 간다.

심해잠수정은 눈부신 마린 스노우의 바다를 헤치면서 내려갔다. 태어나 처음으로 보는 일본 해구 바닥은 어떤 경치일까 하고 필자는 가슴이 두근두근하는 가운데 심해 잠수정이 해저에 도착하는 것을 기다렸다.

잠수하기 시작하고 두 시간 가까이 지나고 나서 겨우 해저에 도달했다. 그곳은 불가사의한 세계였다. 일면의 황토색 사막과 같은 경치 속에

고양이 꼬리 같은 바다나리

군데군데 바위가 나와 있었다. 거기에 놀랄 만큼 많은 작은 생물이 있었다. 그것도 한 종류가 아니고 여러 가지 생물이다.

생물의 서식처가 틀림없는 작은 구멍이나 생물이 몸을 질질 끌고 간 뒤에 생기는 해저에 남긴 많은 줄무늬도 이곳저곳에서 볼 수 있었다.

사막 위에는 고양이 꼬리와 같은 것이 가득 서 있었다. 이것은 바다나리sea lilies라는 생물이다. 이름은 식물 같아 보이고 해저에 나 있어서 움직일 수 없는 생물이지만 실은 동물이다.

깊은 바다에 사는 생물은 동물밖에 없다. 왜냐하면 식물의 특징인 태양빛을 받아서 광합성을 하여 살아가는 일을 할 수 없으므로 동물밖에 살 수 없다.

사막과 같이 보이는 것은 마린 스노우가 쌓인 것이었다. 그 대부분은 유공충이라는 바닷물 속에 살고 있는 작은 생물의 엄청난 시체이다. 시체라고 해도 현미경으로 보면, 마치 크리스마스트리에 매다는 구슬과 같은 아름다운 모양을 하고 있다.

깊은 바다에는 강한 흐름이 없으므로 나중에 가라앉은 마린 스노우는 차례차례 위에 쌓여간다. 즉 오래된 것일수록 아래에 있다. 그러나 그 쌓이는 속도는 아주 느리다. 1000년이나 걸려 겨우 1~2㎜ 쌓일 만큼 느린 일도 드물지 않다.

우리는 지구 역사를 조사하기 위하여 해저의 진흙 속에 파이프를 박고 진흙을 채취하는 일을 한다. 만일 2m의 진흙을 채취했다면, 그 속에는 무려 100만 년에서 200만 년이나 되는 지구 역사가 새겨져 있다. 그 사이에 화산재가 있으면 지구의 어디선가 화산 분화가 있어서 재가 바람에 실려 운반되었다는 것을 알게 된다.

그린란드의 빙하를 파내려 갔을 때 그 얼음 속에서 일본의 나가노현과 군마현 경계에 있는 아사마산이 18세기에 분화했을 때의 화산재가 발견된 일이 있다. 화산재는 지구를 반 바퀴 돌았다. 그러므로 세계에서 어딘가 큰 분화가 있어도 그것은 해저에 내려 쌓여서 나중에 발견되는 일이 있다.

육상에서 자라고 있던 식물의 꽃가루가 발견되면, 그 무렵에 어떤 식물이 자랐는가를 알 수 있다. 이것도 꽃가루가 바람에 실려 멀리까지 날

바다양치, 앞의 것은 심해 잠수정의 팔

아와서 해저에 내려 쌓인 것이다.

나중에 얘기하겠지만, 그때까지에 지구의 남북이 반대였던 시대가 몇 번이나 있었는데 그것이 언제였던가를 조사할 수도 있다.

일본 해구뿐만 아니고 세계 거의 대부분의 심해저는 이런 진흙으로 덮여 있다. 바위가 해저에 얼굴을 내밀고 있는 곳은 거의 없다. 그렇지만 군데군데 나와 있던 바위 위에는 바다양치나 고사리와 같은 '동물'이 자라고 있었다.

바다양치는 이파리가 한아름이나 되고 육상에서 자라는 양치식물을 꼭 닮았다. 우리는 심해 잠수정의 팔로 이 바다양치를 뽑았는데, 마치 식물 같아 보이고 뿌리가 붙어 있었다. 그러나 뿌리가 붙어 있어도 이 바다양치는 동물이다.

해구 바닥에는 판의 운동 탓인지 부서진 바위가 해저에서 돌출되어 있었다. 큰 힘을 받아 깨진 특유한 파괴방식으로 부서져 있었다. 정말로 판이 숨어드는 현장다운 경치이다.

같은 심해 잠수정으로 필자가 대서양에 있는 푸에르토리코 해구에 잠수했을 때는 마찬가지로 바위가 부서진 경치가 있었다. 그러던 중에 필자는 깜짝 놀랐다. 괴물을 보았다. 그것은 10m쯤 앞의 암흑세계에서 불쑥 나타났다. 처음에 필자는 그것이 생물이라고 생각하지 않았다. 물속에 떠

푸에르토리코 해구에 있던 심해어, 불가사리도 보인다

있는 것처럼 보였다.

그러나 그렇지 않았다.

그런데 틀림없이 물고기였다. 그런데 얼마나 불가사의한 물고기인가. 길이가 1m는 족히 넘었다. 거뭇한 회색 몸을 가졌는데도 얼굴의 앞 절반 부분만은 새하얗다. 더욱이 그 얼굴은 뼈가 앙상하고 무서운 얼굴을 하고 있었다. 즉 흰 가면을 쓴 검은 물고기라고나 할까. 턱 밑에는 2개의 긴 가시가 늘어져 있다.

그러나 뭐니 뭐니 해도 기분 나쁜 것은 그 꼬리였다. 그것은 물고기의 꼬리가 아니고 동체가 그대로 가늘고 납작하게 되어 끝은 뱀 꼬리와 같이 흔들흔들 길게 굽이쳐 있었다.

물고기는 자꾸 몰려왔다. 해저에서 관측 작업을 하고 있던 우리는 어느새인가 길이 1m를 넘는 큰 물고기 떼에 둘러싸였다. 물고기의 눈이 크고 검은 것도 불가사의했다. 새까만 바다 밑에 눈이 보일 리 없다. 눈을 가지고 있지만 사진 플래시를 터뜨려도 밝은 램프를 켰다 껐다 해도 물고기는 전혀 느끼지 않는 것 같았다.

이 물고기에는 아직 정확한 이름이 없다. 이런 물고기가 무엇을 먹고 어떤 생활을 하는지, 몇 년쯤 사는지 거의 알려져 있지 않다. 200년쯤 사는 것이 아닌가 하는 설도 있다. 이 불가사의한 물고기뿐만 아니라 해구나 심해에는 우리가 아직 모르는 격리된 생물 세계가 있다.

5. 일본에 지진 메기가 두 마리 있었다

해구에서도 판이 밀치기놀이를 하고 한쪽 판이 져서 지구 속으로 들어가고 있는데, 이 밀치기놀이가 일본의 지진을 일으키고 있다.

앞에서 태평양판 이야기를 했다. 동태평양에 있는 태평양 중앙 해령에서 태어나서 장장 1만 ㎞나 되는 여행을 한 태평양판은 일본 해구에서의 밀치기 놀이에 져서 지구 속으로 숨어들어 간다.

태평양판이 밀치기놀이를 하는 곳은 일본 해구뿐만 아니다. 일본 해구 바로 북쪽에는 홋카이도의 남쪽 먼 바다에서 캄차카반도 먼 바다까지 이어진 쿠릴 해구, 또 캄차카반도에서 앞으로 알래스카까지 이어져 있는 알류샨 해구가 있다.

또 일본 해구의 바로 남쪽에는 이즈(伊豆)-마리아나 해구가 괌 앞까지 뻗어 있다. 태평양판은 이 모든 해구에서 밀치기놀이를 하고 있다. 그리고 그 어디에선가도 져서 지구 속으로 들어가고 있다.

덩치는 커도 약한 씨름꾼 같다.

한편 일본 밑으로 들어가도 있는 판은 태평양판만이 아니다. 바다로 치면 태평양이지만 일본의 남쪽에는 필리핀해판이라는 다른 판이 있다. 필리핀해판은 태평양판보다 작은 판이지만, 그래도 지름이 3000㎞쯤 되어 일본 전체가 쏙 들어가 버릴 만한 크기의 판이다.

이 필리핀해판도 일본 쪽으로 향해 밀려온다. 이 판이 일본과 밀치기놀이를 하고 있는 최전선은 역시 해구이다. 그러나 이 해구는 이름을 붙인 방식에서 말하면 일본 해구와 같이 하나의 해구는 아니다.

이름은 보소반도(房總半島)이다. 먼 바다에서 사가미 만까지는 사가미 트로프(Trough; 트로프, 해구보다는 폭이 넓고 얕은, 해저의 가늘고 긴 계곡) 스루가 만에서 시코쿠 먼 바다까지는 스루가 트로프와 난카이 트로프, 그 앞

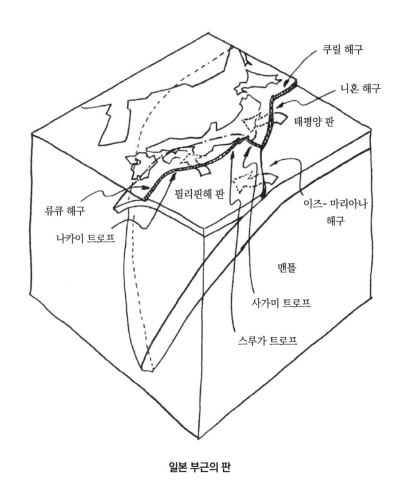

일본 부근의 판

류큐제도(琉球諸島) 먼 바다를 지나 타이완까지는 류큐 해구(琉球海溝)로 부분마다 다른 4개의 이름이 붙어 있다.

이들은 모두 하나로 이어진 해구이다. 이것은 예전에 지구과학적인 의미를 알게 되기 전에 골짜기 모양에서 따로따로 이름이 붙여졌다.

태평양판이 지진 메기라면 이 필리핀해판도 지진 메기인가. 그렇다. 이 필리핀해판도 지금까지 수많은 대지진을 일으켰다. 그리고 지금 일본에서 가장 두려워하고 있는 대지진인 도카이 지진(東海地震; 일본의 태평양 연안 엔슈다의 동부에서 고젠미 사키곶 부근까지를 진원으로 일어날 것이 예상되는 지진)도 이 필리핀해판이 일으키지 않았을까 생각되고 있다.

일본에는 태평양판과 필리핀해판의 2마리의 지진 메기가 있다.

6. 화산의 원인도 판이었다

해구에서의 판의 밀치기놀이 최전선에서는 엄청난 힘이 걸려서 큰 지진에서 작은 지진까지 많은 지진이 일어난다. 지진을 일으키는 범인이 판이었다.

그러나 판이 일으키는 사건은 지진만이 아니다.

일본에는 많은 화산이 있다. 이 화산 분화도 실은 이 판이 범인이다. 왜 판이 화산 분화를 일으키는가. 밀치기놀이에 져서 지구 속으로 숨어들어 간 판은 원래 지구 속에 있던 주위의 바위 쪽이 온도가 높아서 자꾸 온도가 올라간다. 게다가 판은 원래 바다 밑에 있는 해구에서 지구 속으로 숨어들어 가고 있으므로 바위 속에 물을 함유한 채로 지구 속으로 들어간다.

그러면 어떻게 되는가. 앞에서 탐험선의 창에서 본 것처럼 물을 함유한 바위가 지구 속에서 온도가 올라가면 바위가 녹아 버린다. 바위가 녹으면 마그마가 된다. 지하에서 마그마가 탄생한다.

지구 속으로 가면 갈수록 온도가 높아지는데, 이 근방은 아직 깊이가 100㎞에서 200㎞ 정도의 장소이므로 보통은 바위가 녹을 만큼 온도가 높지 않다.

바위가 녹는 것도, 주위보다 차가운 판이 물을 함유한 채로 숨어 들어와서 온도가 올랐을 때만 일어난다. 그러나 판은 두껍기 때문에 속까지 녹지 않는다. 표면만 녹는다.

태어난 마그마는 위로 위로 올라온다. 이렇게 하여 만들어진 마그마는 주위의 바위에 비해서 뜨겁고 가볍기 때문에 바위를 녹이면서 올라온다.

마그마가 지구 표면까지 올라오면 어떻게 되는가. 그것이 화산을 만들고 분화를 일으킨다. 이렇게 보면 지진의 원인뿐만 아니라 일본에 있는 화산의 원인도 판에 있다는 것을 알게 된다.

마그마가 지하에서 만들어지는 장소는 판이 해구에서 지하로 숨어들어 간 곳, 깊이로 100㎞에서 200㎞ 되는 곳이다. 판은 해구에서 숨어들어 간 뒤에 미끄럼대와 같은 완만한 물매로 지구 속 깊은 곳으로 가라앉아 간다. 그러므로 일본의 경우 이 마그마는 꼭 일본 열도 밑에서 만들어져서 일본의 바로 아래로 올라오게 된다.

1977년, 분화한 아소산(阿蘇山) (교도)

일본에서는 태평양 해안에도 일본 해안에도 화산은 없다. 운젠 후겐다 케를 비롯하여 홋카이도의 도카치다케도, 도호쿠의 조카이산도, 아사마 산도 모두 일본 열도 위에만 화산이 있는 것은 이런 이유 때문이다.

이즈제도(伊豆諸道)에 있는 이즈대도(伊豆大島)나 미야케섬은 태평양이 있다고? 틀림없이 태평양 먼 바다에 있다. 그러나 이들 화산 밑에서는 역시 태평양판이 일본 열도 밑이 아니고 필리핀해판 밑으로 숨어들어 가 마그마를 만들고 있다. 일본인은 지진에 대해서도 화산에 대해서도 특별한 장소에 살기 시작했다고 하겠다.

7. 일본의 화산은 정렬되어 있었다

일본에는 많은 화산이 있다. 주요한 화산만 헤아려도 150 정도 된다.

그러나 이렇게 많이 있어도 화산은 일본 내에 골고루 있는 것이 아니다. 예를 들면 규슈(九州)에는 1991년 현재, 활발히 분화 하고 있는 나가사키현의 운젠 후겐다케산을 비롯하여 아소산(阿蘇山)이나 사쿠라지마섬과 같이 화산이 많은데, 바로 이웃인 시코쿠에는 화산이 하나도 없다.

또 1989년 여름에 갑자기 분화한 이토(伊東) 먼 바다의 해저 화산과 같이 이즈반도에는 화산이 있는데도 기이반도(紀伊半島)나 보소반도에는 화산이 없다.

일본의 화산은 홋카이도에서 도호쿠 지방을 지나 이즈제도까지의 하나의 열(列)과 규슈에서 오키나와까지의 열 이렇게 두 개의 열이 정렬되어 있다. 이 중 규슈에서 오키나와까지의 열은 지금은 활동이 정지된 낡은 열로서 주고쿠 지방(中國地方)을 지나 주부 지방에까지 이어져 있다.

그것은 판이 숨어드는 방식과 관계가 있다. 앞에서 일본의 화산이 어떻게 생기는가 얘기했다. 그때에 판이 100㎞에서 200㎞의 깊이까지 숨어들어 가서 마그마가 되는 것을 알아보았다.

일본 밑에 숨어들어 가 있는 판은 태평양판과 필리핀해판의 두 개가 있다. 두 마리의 지진 메기다. 태평양판은 일본 해구나 쿠릴 해구에서, 북은 홋카이도에서 도호쿠 일본의 밑으로, 그리고 혼슈(本州)의 남쪽 먼 바다에서는 필리핀해판 밑으로 숨어들어 간다.

그러므로 마그마가 생기는 곳은 홋카이도에서 도호쿠 지방을 지나 이즈제도까지의 지하 100㎞에 200㎞ 되는 곳이다. 그 마그마가 태어난 곳에서 각각의 마그마가 곧바로 위로 올라오면 어디로 나오게 되는가. 홋카이도에서 도호쿠 지방을 지나서 이즈제도까지 이어진 띠 모양으로 된 곳으로 나오게 된다.

그러므로 마그마가 올라와서 만들어진 화산은 하나의 열이 된다. 또 하나의 열인 주부 지방에서 주고쿠 지방을 지나 규슈, 오키나와까지의 열은 필리핀해판이 서부 일본의 밑으로 숨어들어 가 마그마를 만드는 장소의 바로 위이다. 운젠 후겐다케산도 이 중 하나이다.

이 필리핀해판은 남쪽으로 더듬어 가면 1991년에 금세기 세계 최대의 분화를 일으킨 필리핀의 피나투보 화산에 이른다. 이 화산은 운젠 후겐다케산과 직접 연관이 있는가 어떤가는 아직 모르지만 각각의 마그마의 원천은 같은 필리핀해판을 만들고 있는 것은 틀림없다.

이 두 개의 화산열은 해구와 평행으로 배열되어 있다는 것을 알 게 된다. 이것은 지금 얘기한 이유 탓이다. 이렇게 하여 일본에서는 태평양판과 필리핀해판의 두 개의 판이 마치 경쟁이나 하는 것처럼 마그마를 만들고 분화하고 있다. 이런 경쟁은 곤란하다.

알래스카의 화산도 남아메리카의 화산도 일본과 마찬가지로 판이 숨어드는 것이 원인이다.

그러나 세계의 화산에는 다른 원인을 가진 것도 있다. 앞에서 얘기한 해령 가까운 화산은 다른 원인으로 생긴다. 아이슬란드와 지부티도 해저

정렬~~~!

가 새로 만들어질 때 아래에서 위로 올라온 마그마가 분화를 일으키고 있는 것이다.

이 마그마는 일본과 같이 숨어들어 간 판 때문에 생긴 마그마는 아니다. 해령 밑은 마그마가 주위 일면에 있다. 해령 그 자체가 마그마 위에 떠 있다고 하는 것이 좋다.

8. 분화의 예지를 도운 소년

지진 예지(豫知)라든가, 화산 분화의 예지는 특별한 기계를 사용하여 전문가만이 할 수 있는 일인가. 아니 그렇지 않다. 40년 전의 일인데, 한 고교생이 화산 분화의 예지를 도운 일이 있다. 미야케섬의 아사누마라는 소년이었다. 미야케섬은 이즈제도의 하나로 해저에서 솟아 있는 화산이 어깨에서 윗부분만 바다 위에 나온 섬이다. 화산의 어깨에서 윗부분까지이므로 둥근 모양이다.

섬사람들은 모두 화산 꼭대기 가까이에 살고 있다. 분화가 일어나면 피할 곳이 없다. 섬 안의 사람들이 위험에 처할 것이다.

미야케섬의 화산은 활발한 화산이다. 지금까지 몇 차례나 큰 분화를 일으켰고, 분화하지 않을 때도 산의 군데군데에서 화산 가스나 수증기가 뿜어져 나오고 있다.

아사누마 군은 이 화산 가스가 뿜어 나오는 것이 매일 다른 것에 흥미를 가졌다. 뿜어 나오는 양과 온도, 색깔이 전부 달랐다. 아사누마 군은 학교에서 돌아오는 길에 혼자서 화산 가스가 나올 때 뿜어내는 방식이나 가스의 색깔을 노트에 적었다. 선생님이 시켜서 하는 것이 아니고 자발적으로 시작했다.

화산 가스는 뜨거웠으므로 측정에는 100℃를 넘는 온도를 재는 온도계가 필요했다. 그러나 아사누마 군은 그런 온도계를 가지고 있지 않았으므로 학교에서 빌렸다.

1951년이 되자 이야케섬에 이상한 일이 일어났다. 우물물이 마르고 산의 나무가 잇따라 죽어갔다. 화산이 드디어 분화하는 것이 아닌가 하고 섬사람들은 두려워했다.

기상청 전문가가 분화하는가 어떤가를 진단하기 위해서 도쿄에서 미야케섬으로 건너왔다. 그 무렵에는 기상청이 아직 없었고 중앙 기상대라는 이름의 기관이 있었다. 그러나 섬에 건너 온 전문가뿐만 아니라 어떤 전문가라도 충분한 데이터가 없으면 예지할 수 없다. 현재 상태의 데이터뿐만 아니라 그때까지 어떻게 변해 왔는가 하는 데이터가 필요하다.

공교롭게도 그 지방 기상대에는 충분한 데이터가 없었다. 인력도 적었고 매일 해야 할 기상 관측 일이 중요하여 화산 관측에는 손이 미치지 못했다.

섬에 온 전문가도 난처했다. 그러나 전문가의 진단을 도와준 것은 '이런 것이 있는데요.' 하고 쭈뼛쭈뼛 아사누마 군이 내놓은 노트였다. 아사누마 군이 몇 년 동안이나 꼼꼼히 기록한 노트가 전문가의 진단에 가장 쓸모가 있었다. 이 노트가 있는 것을 처음으로 알게 된 전문가는 크게 감탄했다.

결국 분화하지 않을 것이라는 것이 전문가의 진단이었다. 섬사람들은 안심했다. 아사누마 소년이 자발적으로 한 관찰이 섬을 구했다.

야마모토 유조의 『마음에 태양을 가져라』에 등장하는 '미야케섬의 소년'이란, 미야케섬의 고교생이었던 아사누마 군의 이야기다.

그 후 아사누마 소년은 고등학교를 졸업하고 도쿄에 있는 국립과학박 물관의 직원이 되었다. 그러나 그 뒤에도 아사누마 군은 일하면서 야간 대학에 들어가 공부를 계속하여 학자가 되었다. 1991년에 60살이 된 아사누마 씨는 지바(千葉)대학의 지구과학 교수로 있다.

필자와 마찬가지로 해저에 어떤 것이 있고, 어떻게 움직이는가를 연구하고 있다. 필자와 함께 관측선에 타고 관측하는 경우도 있다.

아사누마 씨가 미야케섬에서 자란 '바다의 백성'의 재능을 번득이며 보인 일이 있었다.

관측선의 뱃전에서 작업하던 중 아사누마 씨는 안경을 바다에 떨어뜨렸다. 관측선에서의 작업에서는 때때로 이런 일이 일어난다. 안경은 자꾸 가라앉아 버렸다. 이때 아사누마 씨가 별안간 바다로 뛰어들어 물속으로 잠수하여 안경을 찾아 돌아왔다.

1989년 가을, 미야케섬 고등학교는 창립 40주년을 맞이하여 기념식을 거행했다. 그때 아사누마 씨는 이 고교의 제1기생으로서 학생들 앞에서 기념 강연을 했다. 돋보이게 나서는 일을 싫어하는 아사누마 씨이지만 교장 선생님의 간곡한 부탁을 거절할 수 없었다.

강연 제목은 '자연을 아는 어려움'이라는 것이었다. 긴 연구 경험을 가지면서 언제나 조심성 있게 행동하는 참으로 아사누마 씨다운 테마였다.

9. 하와이의 화산은 차례차례 죽었다

화산 중에는 판이 지구 속에 숨어들어 가는 도중에 마그마를 만드는 화산이 아닌 또 다른 원인의 화산도 있다.

예를 들면 하와이의 화산은 다르다. 이것은 하와이 주위 일면에 퍼져 있는 태평양판 밑보다도 더 깊은 곳에서 마그마가 올라와서 판을 뚫고 나온 마그마가 분화하는 것이 원인이다.

태평양판은 천천히 움직이는데, 마그마는 상관없이 뚫고 나온다. 앞에서 판은 벨트 컨베이어와 같은 것이라고 얘기했다.

하와이의 마그마 원천은 벨트 컨베이어의 바로 밑에 있는 촛불과 같은 것이다. 벨트 컨베이어에 구멍을 뚫고 마그마를 판 위에까지 뿜어 올릴 수 있다.

하지만 판의 벨트 컨베이어는 천천히 움직인다.

분화하여 잠시 있으면 판 위에 분출한 화산은 어떻게 되는가. 해저 전부가 움직이는 것이므로, 화산은 판에 실려 움직인다. 그러나 마그마의 원천은 판 밑에 있으니 벗은 채로이다.

그러면 무슨 일이 일어나는가. 이 화산 밑에는 더 분화할 만큼의 마그마가 나오지 않게 되어 버린다. 즉 화산은 분화가 끝나서 죽어 버린다. 죽은 화산은 얼마 후 냉각되어 버린다.

그러나 촛불은 또 다른 장소에서 벨트 컨베이어를 가역시킨다. 즉 판의 다른 장소에서 새로운 화산이 태어난다. 하와이 화산은 이렇게 해서 차례차례 태어나서 차례차례 죽어간다.

하와이가 실려 있는 태평양판은 이 근방에서는 북서 방향을 향해서 움직이고 있다. 캄차카반도를 향한 방향이다.

하와이는 큰 섬만 해도 8개가 있는데, 태평양판이 하와이제도를 실은 채 움직이는 '하류' 즉 북서에 있는 섬이 가장 오래된 것이며, '상류' 즉 남동으로 방향을 따라서 순서대로 새로 만들어진 섬으로 되어 있다.

가장 관광객이 많은 호놀룰루가 있는 오아후섬은 가운데 섬이므로 가장 남동에 있는 하와이섬보다 오래됐다. 지금 한창 분화하고 있는 것은 가장 남동 끝의 하와이섬의 화산이다. 여기에 있는 킬라우에아 화산은 벌써 10년간이나 분화가 계속되고 있다.

하와이의 화산에서 나오는 용암은 일본의 용암과 달라 점성이 없고 사각사각하다. 용암의 화학 성분이 다르기 때문이다. 이 때문에 일본의 화산과 같이 쾅하고 폭발하지 않는다. 그러므로 분수와 같이 뿜어 오르는 오렌지색 용암을 바라보면서 바로 눈앞에 있는 호텔에서 식사할 수도 있다.

그러나 하와이 화산에 넋을 잃어서는 안 된다. 하와이 화산에서는 독가스도 나온다. 하와이뿐만 아니라 화산에서는 인간에게 유해한 가스가 흔히 나온다. 예를 들면, 하와이 화산을 연구하고 있는 연구자는 연구소에 고용될 때 특별한 계약을 맺어야 한다.

그것은 화산 연구소 근무는 2년에 한정한다는 계약이다. 2년을 넘어서 연구를 계속하려고 생각하면 연구자는 건강이 손상되어도 연구소는 책임을 지지 않는다는 다른 계약서에 서명해야 한다.

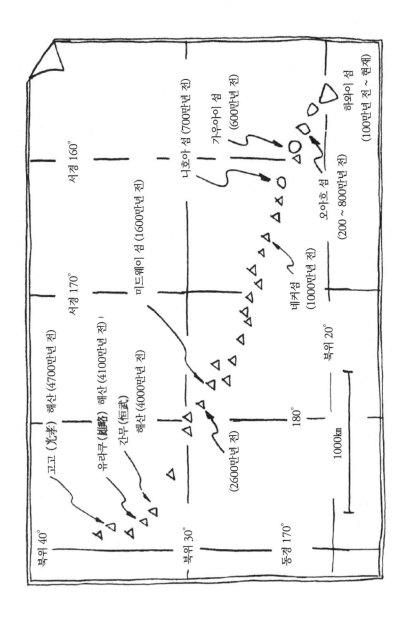

하와이의 해산열

이것도 화산에서 나오는 수은 증기 때문이다. 물론 수은은 신체에 유해하다. 그러므로 연구자는 자기나 가족의 건강이 걱정되어도 자기 연구를 계속하든가, 2년이 지나면 떠나든가 결정해야 한다.

하와이의 미래는 어떻게 되는지 알고 있는가. 하와이섬의 가장 동쪽 바닷속에 새로운 해저 화산이 태어나서 이윽고 새로운 섬이 생길 것이다. 그 예측대로 태어나기 전의 해저 화산의 아기가 발견되었다.

하와이섬 동쪽 먼 바다의 해저를 조사하던 학자가 해저에 솟아오른 언덕과 거기에서 부글부글 뿜어 나오고 있는 화산성 가스를 발견했다. 이 언덕을 로이히라고 이름 붙였다.

한편 하와이보다 서쪽으로 가면 어떻게 되는가. 이쪽에도 섬이 쭉 배열되어 있다. 이것은 옛날에 있었던 하와이가 틀림없다. 그러나 이 섬들은 이제는 섬이 아니고 해저의 산이 되어 있는 것이 많았다.

왜냐하면 화산이 활동을 마친 뒤, 아래로부터 마그마가 올라오지 않게 되면 화산은 짜부라져 버리거나 산 전체의 온도가 내려가서 산이 오그라지거나, 다시 바다 파도가 섬을 깎아버리기 때문이다. 섬이나 해저의 산, 즉 옛날부터의 하와이제도는 무려 홋카이도에서 오키나와까지 거리의 배나 되는 5000㎞나 이어져 있다. 즉 지금이야 하와이 '열도'는 작지만 원래는 일본 열도보다 훨씬 길었다.

10. 판은 왜 움직이는가

대륙을 움직이고 대지진을 일으키고, 그리고 화산의 분화도 일으킨다. 판의 움직임은 지구에 있어서의 대사건을 지배하고 있다.

지구는 살아 움직이고 있다. 그 원천이 판이다. 판은 왜 움직이는가. 뜻밖이겠지만, 실은 이 답은 아직 알려지지 않았다. 우리를 비롯하여 세계의 여러 학자가 연구에 몰두하고 있으나 아직 확실한 대답이 없다.

과학의 설명에는 법칙이나 정리와 같이 절대로 잘못이 없는 것도 있다. 그러나 판이 움직이는 원인과 같은 아직 확실하지 않은 것은 '가설'이라고 이름 붙이고 설명한다. 필자는 이렇다고 생각하지만 혹시 잘못되어 있는지도 모르는 설이다.

별이나 태양이 움직이는 것을 보고 옛날 사람은 하늘이 움직이는가, 지면이 움직이는가 논의했다. 즉, 그때는 어느 쪽 설도 가설이었다.

판이 움직이는 원인에 대해서는 세 개의 가설이 있다.

하나는 판이 뒤에서 밀려 움직인다는 가설이다. 해령에서 차례차례로 판이 만들어지니 오래된 판은 새로운 판에 뒤에서 밀려 움직인다는 설이다.

둘째는 판을 얹는 맨틀이 벨트 컨베이어와 같이 움직인다는 가설이다. 판은 대륙이나 섬을 운반하는 벨트 컨베이어인데, 벨트 컨베이어를 정말로 움직이는 엔진은 훨씬 밑에 있다는 것이 이 설이다.

앞에서 얘기한 된장국 속의 물 운동, 맨틀 대류가 판이라는 벨트 컨베이어를 움직인다는 것이 이 설이다.

왜 움직이는가?

셋째는 지구 속에 숨어들어가는 오래된 판이 판 전체를 끌고 들어간다는 가설이다. 식탁에 까는 식탁보. 그 위에 접시나 컵이 놓인 식탁보를 개구쟁이가 끌어당기는 것과 마찬가지이다. 식탁보에 놓인 접시나 컵이 대륙이나 섬이라는 것이다.

예전에는 첫째 설이나 둘째 설이 유력했다. 그러나 최근에는 셋째 설이 유력해지고 있다.

과학을 진보시키기 위해서는 먼저 가설을 몇 개 만들고, 그중 어느 것이 올바른가를 관찰한 데이터와 비교하면서 확인해 간다.

유감스럽게도 우리 학자는 아직 충분한 데이터를 갖고 있지 않다. 판은 어떤 바위로 되어 있는가, 판 밑에 무엇이 있는가, 거기는 어느 정도의 온도인가, 바위가 얼마만큼 연한가 하는 것을 정확하게 알지 못하면 이 세 개의 가설 중 어느 것이 옳은가 답을 낼 수 없다.

이 데이터를 얻는 것이 지구물리학의 최전선의 하나이다. 움직이고, 이윽고 해구에서 지구 속을 숨어들어가는 판은 해저에만 있다.

우리가 해저지진계를 일부러 개발하여 해저에 있는 판의 지하 구조나 판의 운동을 연구하는 목적의 하나도 여기에 있다.

11. 세계에서 가장 깊은 지진

해구에서 밀치기놀이를 하고 그것에 져서 지구 속으로 숨어들어가 버린 판은 어떻게 되는가.

숨어들어 간 판은 눈사람이 점점 작아지면서 스러져가는 것처럼, 이윽고 녹아서 형태가 없어진다. 판은 이렇게 사라진다.

학자는 숨어들어 간 판을 어떻게 연구하는가.

우리가 공상의 탐험선으로 시도한 것처럼 지구 속을 실제로 엿볼 수는 없으므로 가장 쓸모 있는 것은 지진이 일어나는 방식이다. 지진은 판이 숨어들어 가서 주위의 바위와 마찰되고 있는 증거이므로 지진이 일어나는 곳에서는 판이 아직 단단한 바위 형태를 하고 있다는 뜻이 된다.

판이 연해져서 녹아 버렸을 때는 지진을 일으키는 능력이 없어졌을 것이라는 생각이다.

판이 숨어들어 간 끝 어디에서 어떻게 지진이 일어나고 있는가를 조사해 보면 판이 숨어들어 간 장소를 알게 된다.

예를 들면 일본 해구에서 숨어들어 간 태평양판은, 미끄럼대 정도의 각도로 자꾸 깊어져서 일본 열도와 동해 밑을 가로질러 한반도나 러시아(구소련)의 동해안 밑에까지 뻗어가 있다.

일본과 달라 한반도에서는 얕은 지진은 일어나지 않는다. 일어나는 것은 몇백 km라는 깊이의 지진뿐이므로 지진이 일어나도 건물이 무너지거나 하지 않는다. 지진은 조금도 무섭지 않다. 부러운 이야기이다.

한반도나 러시아의 연해주에서 일어나는 지진 중에서 가장 깊은 것은 깊이로 약 700km나 된다. 일본 해구에서 종점까지 미끄럼대, 즉 판의 길이는 1000km를 넘는다. 도쿄에서 삿포로까지보다 더 긴 대단한 길이의 미끄럼대이다.

이 1000km 남짓을 천천히 내려간 판은 온도가 올라갔기 때문에 연해져서 끝내는 깊이 700km 되는 곳에서 지진을 일으키는 능력이 없어져 버린다.

잠깐 계산해 보자. 태평양판이 움직이는 속도는 1년에 약 10cm이다. 이 속도로 1000km 앞까지 숨어들어 가는 데 대체 몇 년이 걸리는가. 답은 1000km를 10cm로 나눈 값이다. 1000km는 1000을 곱하여 100만 m. 그것에 100을 곱하여 1억 cm. 이것을 매년 10cm의 속도로 나누면 1000만 년 걸린다. 적어도 이렇게 긴 기간 동안 판은 계속 숨어들어 가고 있다.

깊은 곳에서 지진이 일어나는 장소는 세계적으로 한정되어 있다. 모두 태평양 주변이고 해구에서 판이 숨어들어 간 끝이다. 동해 밑 외에 마리아나 해구, 남태평양에 있는 통가-케르마딕 해구, 인도네시아 근방의 자바 해구, 남아메리카의 바로 서쪽 먼 바다에 있는 페루-칠레 해구에서 각각 판이 숨어들어 간 끝이며 세계에서도 깊은 지진이 일어나고 있다. 그러나 어디서든지 700km보다 깊은 지진은 일어나지 않는다.

700km라고 하면 도쿄에서 하코다테까지의 길이다. 대단한 길이인데 그래도 지구 반지름에 비하여 겨우 9분의 1에 지나지 않는다.

지구를 달걀로 비유하면 지구에서 지진이 일어나는 곳은 아직 흰자위 중에서도 극히 위쪽 부분에 불과하다.

12. 숨어들어 간 판의 행방

일본 해구에서 숨어들어간 태평양판은 1000만 년이나 걸려 1000㎞ 나 지구 속으로 파고들어 간다.

이렇게 긴 시간이 지나면 숨어든 판의 온도가 올라가서 연하게 되고 이윽고 사라진다. 그러나 판이 사라지는 것은 달걀의 흰자위에서도 극히 위쪽이다. 판은 지구 속 깊은 곳까지 가기 전에 사라진다.

판이 지구 속의 어느 근방에서 사라지는가, 어떻게 녹는가는 아직 잘 알려지지 않고 있다. 그것은 가령 판이 연해져서 지진을 일으킬 능력이 없어져도, 또한 연하지만 아직 형태가 남아 있는지도 모르기 때문이다.

실제로 남아메리카 대륙 지하에는 판이 숨어들어 갔는데도 기묘하게도 깊이 300㎞에서 500㎞까지 사이에는 지진이 없고 그 밑에서 아직 지진이 일어난다.

즉 숨어들어 간 판은 밑에까지 이어져 있는 것 같은데, 그 일부만은 왜 그런지 지진을 일으키지 않는다. 그 이유는 알려져 있지 않다. 마찬가지로 700㎞보다 깊은 곳에도 판이 이어져 있는지도 모른다. 지진을 일으키면 거기에 판이 있다는 것을 알게 되는데 지진을 일으키지 않는 판은 우리가 볼 수 없다. 지진을 일으키지 않는 판은 아마 연하게 된 판이라고 생각된다. 그러나 여간해서는 조사할 방법이 없다.

이것을 조사하기 위해서는 지금 세계 여러 곳에 설치된 지진계와는 다른 새로운 지진계를 세계 각지에 설치하여 관측하는 방법이 있다. 멀리서 일어난 큰 지진에서 나온 지진파가 지구의 깊은 곳을 어떻게 지나오는지 조사하기 위해서이다.

이 때문에 우리는 프랑스나 미국과 협력하여 이 새로운 지진계를 만들어 이곳저곳에서 관측을 시작하기 위한 계획에 착수하고 있다. 계획이 완성되기에는 아직 몇 년이 걸릴 것 같지만 그 무렵이 되면 지구 속을 지금보다 더 알게 될 것이다.

4장

지진 관측의 최전선

1. 달에 간 지진계

지구는 살아 움직이지만 달은 식어 굳어져 버린 별이다. 그러므로 달에서는 판이 움직이는 것도 화산이 분화하는 일도 없다. 식어 버린 달에는 지진도 일어나지 않는다.

그러나 약 20년 전에 인류가 달에 처음으로 간 아폴로 계획 때는 지진계를 두고 오는 것이 중요한 계획의 하나였다.

왜 지진계를 가져갔는가. 달에 가져가는 관측을 위한 기계는 로켓에 싣고 가게 되므로 어떠한 낭비도 허용되지 않는다. 꼭 필요한 기계만, 그것도 1g이라도 가벼운 것으로 선정된 기계만이다. 그 선정된 기계 중에 지진계가 들어 있던 주요한 이유는 인공 지진 때문이었다.

인공 지진이란 신체의 뢴트겐 사진을 찍는 것과 같다. 달이나 지구 속은 X선도 전파도 통과시킬 수 없다. 그러므로 지진파를 사용하여 속을 엿보는 것이 가장 좋은 방법이다. 이것이 인공 지진이다.

인공적으로 지진파를 일으키면 그 파가 달 속을 전파하고 나서 지진계에 기록된다. 그 기록을 조사하면 달 속에 어떤 바위가 있는지 알게 된다.

지진파라는 것은 조금 어려울지도 모른다. 소리가 들린다는 것은 소리가 음파로서 공기 속을 지나가서 귀에 들린다는 것을 말한다. 그와 마찬가지로 지진파는 달 속에도 지구 속에도 통과하므로, 멀리 설치한 지진계로 기록할 수 있다. 지진파는 음파와 형제간이다.

뢴트겐 사진은 X선이 신체 속을 지나온 것을 사진 필름에 기록한다.

즉 지진계가 X선 필름에 해당한다.

지구 속을 조사하기 위해서도 인공 지진은 가장 기대되고 있는 방법이다. 그럼, 어떻게 하여 인공적으로 지진파를 일으키는가.

지구의 경우에는 화약을 폭발시키거나 무거운 추로 지구를 때리기도 한다.

달에서는 어떻게 했는가. 많은 화약을 달에까지 운반하는 것은 위험하다. 1g이라도 가벼운 기계를 가져가려 하는데 무거운 추를 가져가는 것은 물론 할 수 없다.

작은 화약은 몇 번 사용되었다. 이것도 만일의 사고를 방지하기 위하여 우주 비행사가 달에서 날아오르고 나서 원격조작으로 폭발시켰다.

그러나 달 속 깊은 곳을 조사하기 위해서는 더 강한 인공 지진도 필요했다. 그 때문에 부스터라고 하는, 지구로 되돌아오기 위해 우주 비행사가 달에서 날아오르는 로켓의 1단째를 달에 떨어뜨리기로 했다. 이것이 로켓에서 분리되어 떨어져서 달에 격돌했을 때 인공적인 지진파가 생기게 된다.

표면에서 1km쯤까지는 모래나 진흙이 굳어진 것, 그 밑은 조금 단단한 바위가 있고, 60km에서 밑에는 더 단단한 바위가 있다는 것을 알게 되었다.

그러나 달 속은 아직 지구만큼 잘 알려지지 않고 있다. 상세하게 조사하기 위해서는 훨씬 더 많은 인공 지진과 많은 지진계가 필요하다.

유감스럽게도 그 후 달에는 지진계를 보내지 못했다. 미국 항공우주국에서는 아폴로 계획 뒤에 우주개발의 자금이 없어서 달의 과학은 그다지 진척시킬 수 없었다.

해저지진계에 매단 달지진계(원내)

달 속을 정말로 알게 되는 때까지는 잠시 더 기다려야 한다. 달에 설치한 지진계도 얼마 후 전지가 다 소모되어 신호를 지구까지 보내오지 않는다.

아폴로 계획을 위해서 될 수 있는 데까지 소형으로, 또 튼튼하게 큰 비용을 들여 개발된 달지진계는 형제분의 지진계가 몇 개 만들어졌다. 그리고 그 일부는 그 후 이상한 곳에서 제2의 인생을 보내게 되었다.

그것은 해저지진계의 센서[환진기(換震器)]였다. 해저지진계는 소형으로 튼튼하고 또한 신뢰성이 높은 것이 필요하다. 즉 우주 연구용의 지진계와 비슷하다.

달지진계는 캘리포니아 대학의 실험을 위한 해저지진계에 조립되어 해저에서 지진을 관측하게 되었다.

2. 달에도 지진이 있다

달에 운반한 지진계는 학자가 예상하지도 못한 것을 기록했다. 달에 설치한 지진계는 인공 지진뿐만 아니고 지진이라고밖에는 생각할 수 없는 불가사의한 기록을 잡았다. 그것들은 지구에서 지진계가 기록하고 있는 지진 기록과는 상당히 다른 기록이었다.

몇 분씩이나, 때로는 한 시간 이상이나 달이 덜덜 계속 흔들리고 있었다. 범종을 쳤을 때와 비슷했다.

기록을 본 학자들은 생전 처음 보는 진귀한 지진계의 기록에 깜짝 놀랐다. 그리고 이것은 지진이 아니고 운석이 달에 충돌한 것에 틀림없다고 생각했다.

지구와 달리 공기가 없는 달에서는 운석이 지표에 떨어질 때까지 공기와 마찰을 일으켜 녹아 버리거나 부서지는 일이 없다.

이 때문에 운석이 지구보다도 많이 떨어진다. 운석의 속도는 무서운 속도이므로 떨어졌을 때는 기막힌 충돌이 된다. 지구 공기는 운석이 떨어지지 않게 하는 구실도 한다.

분명히 몇 개의 운석 충돌이 있었다. 큰 충돌로는 달 반대쪽에 설치한 지진계까지 지진파가 기록된 일도 있었다. 실은 운석의 충돌이 너무 엄청

나서 그 반동으로 달에서 튕겨 지구까지 날아온 돌조차 있었다.

어떻게 해서 이 운석은 달에서 날아서 지구에 왔을까.

처음에는 큰 운석이 달에 충돌했다. 그때의 무서운 충격으로 달 표면의 바위가 쪼개져서 사방팔방으로 튕겼다. 그리고 그중의 극히 일부의 돌이 지구까지의 대여행을 하게 되었다.

달에 있는 돌에는 흔하지 않는 대여행이다. 그러나 지구로부터 달로 가는 것에 비하면 간단하다. 달의 인력은 지구보다 약하기 때문에 매초 2.4 ㎞를 넘는 속도로 날아오르면 달의 인력권에서 탈출할 수 있기 때문이다.

지구로부터 탈출하기 위해서는 이 5배나 되는 속도가 필요하므로 지구에서 날아올라 달로 가는 것보다 지구로 날아오는 편이 5배나 쉽다. 또 달에는 날아가는 돌에 제동을 거는 공기가 없는 것은 다행스러운 일이었다.

몇 개의 돌조각이 이렇게 하여 달을 떠났는데, 그중 몇 개는 얼마 후에 지구 인력권에 잡혀 지구에 떨어졌다. 이를테면 달에서 온 '선녀'이다. 그러나 지구 인력권에 잡히지 않은 '선녀'들은 지금까지도 아득히 우주 끝까지의 여행을 하고 있음이 틀림없다.

달에서 기록된 진귀한 지진 기록 이야기이다.

잘 조사해 보면, 이 불가사의한 기록은 운석 충돌만이 아니었다. 뜻밖에도 진짜 지진도 있었다. 물론 달에 '지(地)'진이 있을 수 있는가 말할지도 모른다.

그 말꼬리를 피하기 위해서인지 어쩐지 몰라도 달에서 일어나는 지진에는 '월진(月震)'이라는 훌륭한 이름이 붙여져 있다.

영어로 말하면 지진은 어스퀘이크(Earthquake), 월진은 문퀘이크 (Moonquake)이다.

그렇지만 여기에서는 '지진'으로 통용하자. 장차 화진(火震)이라든가, 금진(金震)이라 하여 차례차례 성가시게 되어도 곤란해지기 때문이다.

여담이지만, 필자는 지금 화성에 가져갈 지진계의 제작을 의뢰받고 있다. 상당히 흥미 있는 실험이 될 것 같다.

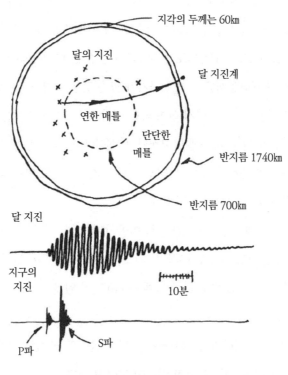

지구와 달의 지진계의 기록은 다르다?

달에서 일어나고 있는 지진의 수는 지구에 비하면 훨씬 적었다. 또 지진의 매그니튜드도 훨씬 작아 매그니튜드 3의 지진이 고작이었다. 더 불가사의한 것은 달에서 지진이 일어나고 있는 장소는 지구와 전혀 달랐다.

지진은 달의 깊은 곳에서 일어나며, 그 깊이는 600㎞에서 1000㎞나 되었다. 달 반지름은 1700㎞밖에 안 되므로 반지름의 반쯤이나 더 깊은 곳에서도 지진이 일어나고 있다.

이것은 지구와 비교해서 크게 다르다.

앞에서도 얘기한 것같이 지구에서는 표면에서 반지름의 겨우 9분의 1 깊이까지밖에 지진이 일어나지 않기 때문이다.

이것은 달의 깊은 곳에 타다 남은 불 같은 것이 남아 있어서 때때로 작은 지진을 일으키는 것이 아닌가 생각되고 있다. 달은 표면 가까이는 죄다 냉각되어 버렸는데, 속은 아직 완전히 식어 버리지 않은 것 같다.

3. 해저 연구의 최전선

달로켓이 일부러 지진계를 가져간 것은, 달 내부를 연구하기 위해서는 지진계를 사용하는 인공 지진이 가장 좋은 방법이었기 때문이다. 지구에서도 지구 속을 조사하는 데 물론 지진계가 사용되고 있다.

지구 내부는 육안으로 볼 수도 없고 만져 볼 수도 없다. 사람이 갈 수도 없고, 그렇다고 해서 우주와 같이 탐사기를 보낼 수도 없다. 지구 속을 어떻게 조사하는가.

이 때문에 지구 내부를 '보고 온' 것처럼 조사하기 위하여 지구물리학은 여러 가지 '도구'를 발명해 왔다.

지구 표면의 일그러짐, 즉 지각 변동이나 지면의 기울기를 측정하는 기계가 있다. 왜곡계나 경사계 같은 기계다. 또 지구 내부로부터 나오는 열을 재는 기계도 있다. 지각 열유량계라고 한다. 또 지구 자기를 재는 기계도 제작되었다. 자력계라고 한다. 지구 인력을 재는 기계는 중력계라고 한다.

이들 각각의 기계는 지구 속에서 무엇이 일어나고 있는가를 지구 밖에서 추리하기 위한 기계다. 지구가 내는 신호를 여러 가지 방법으로 포착하여 무엇이 신호를 내고 있는가를 추리한다.

그러나 지구는 여간해서는 정체를 드러내지 않는다.

신호는 복잡해서 쉽게 해독할 수 없고, 도대체 지구의 어디쯤에서 어떤 신호가 나오는지도 아직 현대 지구물리학으로도 모르는 일이 많다.

그러나 지구물리학용 기계 중에서 뭐니 뭐니 해도 지구 속을 보는 눈으로 가장 강력하고 또한 상세히 알 수 있는 지진계이다.

지진계의 발명은 원자핵물리학에서의 사이클로트론의 발명에 필적하는 지구물리학의 진보라고 한다. 전파도, 신체나 물체 속을 조사하는 X선도 지구를 뚫고 지나갈 수 없다. 가장 신뢰할 수 있는 수단은 지진파를 이용하는 일이다.

자연계에서 일어나는 지진이라도 좋고 인공적으로 일으키는 지진이라도 좋다. 이들로부터 나오는 지진파는 자유자재로 지구 속을 뚫고 지나갈 수 있다. 이 지진파를 지진계로 포착해서 지구 속을 조사하는 것이 현재 우리가 가지고 있는, 가장 정밀하게 지구 속을 연구하는 수단이다. 지진파가 지구 속의 어디를 어떻게 지나왔는가를 지진계 기록을 연구하면 알 수 있기 때문이다. 즉, 지구 속을 지나온 지진파라는 리포터의 말을 우리 지진학자가 읽을 수 있게 되어 있기 때문이다.

신체 속을 조사하는 것에 비교하면 진원이 X선원(源), 지진계가 X선 필름에 해당한다.

그런데 지진계는 어디에서 발명되었는가. 실은 19세기 말에 일본에서 발명되었다. 그러나 발명한 것은 일본인이 아니고, 당시 정부에서 고용한 외국인 교사였던 유잉 등이다.

인공 지진 이야기로 되돌아가자. 지구 속 1㎞나 2㎞인 얕은 곳에서는 지하의 석유나 석탄이나 광석을 찾기 위해 사용된다. 더 깊은 곳을 조사하기 위해서도 각국에서 인공 지진이 시도되고 있다. 이것은 지구물리학 연구를 위해서이기도 하다.

전에 도쿄에서 세계의 지진학자가 지진에 놀라서 호텔 방에서 튀어나간 얘기를 했다. '지진'을 모르는 외국 지진학자는 주로 인공 지진을 연구하고 있다.

그러나 인공 지진에는 약점이 있다. 지진파가 강하지 못 하면 지구의 깊은 곳을 조사할 수 없다. 그런데 인공적으로 낼 수 있는 지진파의 세기는 한계가 있다.

지진을 모르는 지진학자

이 때문에 지구 표면에서 기껏 100㎞ 정도의 깊이까지밖에 인공 지진으로 조사할 수 없다. 지구 달걀 껍데기를 연구하는 정도가 한계이다.

인공 지진의 또 하나의 약점은, 지진파를 사용하여 지구 속을 들여다볼 때 가장 어려운 작업인 'X선 필름'을 설치하는 일이었다. 지구 표면의 3분의 2나 되는 바다 밑에 '필름', 즉 지진계를 설치할 수는 없기 때문이다.

지진계를 설치할 수 없으면 뢴트겐 필름이 없는 X선 사진과 마찬가지이다. 바다 밑 아래, 즉 판 속을 연구할 수 없다.

해저는 판이 태어나거나 사라지는 곳이므로 해저에 대한 연구를 할 수 없으면 지구물리학의 진보는 없다. 그래서 우리는 해저지진계라는 지금까지 없던 도구를 만들었다.

육상에 설치하는 지진계는 여러 가지 종류의 것이 있지만, 해저에 설치하여 관측할 수 있는 지진계는 여태까지 없었다. 아니 정확하게 말하면, 실험적인 것 몇 가지는 세계의 두세 나라에서 제작되어 있었다.

그러나 어느 것이나 도저히 실용이 될 수 없었다.

그것들은 고장만 나서 신뢰성이 낮은 것이었거나, 승용차만큼의 크기가 있어서 무겁고 너무 커서 다루기 어려운 것이었거나, 스스로 내는 잡음이 엄청나서 해저에서 작은 지진을 관측할 수 없는 것들이었다.

그중에는 모처럼 해저에 설치했는데, 요긴한 해저지진계가 해저로부터 회수될 수 없는 것도 많았다. 기계도 그 속의 데이터도 되돌아오지 않으니 고스란히 손해가 되었다.

가까스로 우리가 사용할 수 있는 해저지진계를 만들었을 때, 그때까지의 인공 지진의 한계를 넘어 지구 속 깊은 곳까지 연구하는 일이나 해저 밑을 엿보는 일이 가능하게 되었다.

4. 바다에서밖에 알 수 없는 바다의 지진

해저지진계란 그 이름 그대로 해저에 설치하여 지진파를 포착하는 지진계이다.

해저지진계는 인공 지진을 포착하는 일만 하는 것이 아니다. 달에서 지진을 포착하는 것과 마찬가지로 바다 밑에서 일어나는 지진을 포착하여 그 일어난 장소나 지진의 성질을 조사할 수도 있다.

해저에서 판이 태어나거나 사라질 때는 바위가 움직이므로 거기에는 반드시 지진이 일어난다. 이 지진을 연구하는 것은 해저에서 일어나고 있는 드라마를 조사하는 가장 직접적인 방법이다.

이때, 지진파라는 리포터는 통과해 온 도중의 정보뿐만 아니라 지진의 진원이 내는 신호 그 자체도 날라 온다.

그러므로 진원에서 무엇이 일어났는가, 어떤 바위가 어떤 힘을 받아서 어떻게 깨졌는가 하는 따위의 판의 드라마를 지진계의 기록으로부터 판독할 수 있다.

그러나 지진계는 약점을 가지고 있다. 해저 밑을 조사하거나 해저에서 일어난 지진을 조사하기 위해서는 해저에 설치해야 한다. 설사 지진이 해저에서 일어나도 지진파는 육상에까지 전파될 것이다. 그럼에도 불구하고 왜 우리는 일부러 해저지진계를 만들어 바다에까지 갔는가.

그 이유를 얘기한다. 지진계는 지면의 흔들림을 기록하는 기계이다. 예를 들면, 도쿄 역에 지진계를 설치했다고 하자. 이 지진계의 감도를 아무리 올려도 네무로(根室) 먼 바다에서 일어나는 작은 지진은 기록할 수 없다.

그것은 잡음 탓이다. 열차나 자동차나 비나 바람이 지면을 흔든다. 이것 전부가 지진계에는 잡음이 된다. 지진계가 기록해야 할 신호는 잡음에 뒤섞여 버린다.

잡음은 언제라도 어디에도 있다. 마이크로폰의 감도를 아무리 올려도 가까운 잡음에 가려서 먼 소리를 들을 수 없는 것과 마찬가지이다.

각지에서 일어나는 지진을 관측하기 위하여 지상에서는 세계 곳곳에 지진계가 많이 설치되어 있다.

틀림없이 이들 육지의 지진계는 바다의 지진도 기록하고 있다. 그러나 그것에는 한도가 있다. 상당히 큰 지진이 아니면 관측되지 않고, 관측되었다고 해도 정밀도가 나쁘다. 작은 지진은 잡음과 뒤섞여 관측되지 않는다.

원래 일본의 지진은 85%가 해저에서 일어나고 있다. 육지 밑에서 일어나는 지진은 겨우 15%, 전체의 6분의 1에 지나지 않는다.

해저에서 일어나고 있는 드라마를 꼭 '현장'에서 관측하고 싶다. 이는 해저지진계를 만든 우리의 바람이었다. 그러기 위해서는 아무래도 해저지진계를 만들어 해저에서 지진 관측을 할 필요가 있었다. 우리가 20년 전에 해저지진계의 개발을 시작한 출발점이 여기에 있다.

4000m나 6000m 되는 깊은 해저에서 관측해야 하는 지진계이므로 제작도 상당히 어려웠다. 지금부터 10년쯤 전에 약 10년 정도 걸려서 겨우 실용적인 해저지진계를 만들 수 있었다. 지금은 40대 정도의 해저지진계를 가지고 있다.

세계 각국에서 경쟁하여 해저지진계를 만들고 있었는데, 다행히도 우리 해저지진계는 세계의 다른 나라 것보다도 잘 되어 있어서 바다에서의 경험도 많았다. 또 40대라는 수도 세계에서 가장 많은 수이다.

최근에는 일본 주변의 바다에서 매년 관측하는 일 외에 노르웨이, 독일, 아이슬란드, 남극해, 프랑스 등의 세계 이곳저곳에서 의뢰를 받고 지진 관측을 위해 매년 나가고 있다.

1987년부터 3년간 계속된 노르웨이 북서 먼 바다, 북극권에서의 실험은 유럽 각 나라의 주목을 끌었던 것 같다. 독일과 프랑스가 특히 열심이었고 일부러 우리가 해저지진계를 준비하고 있던 노르웨이까지 견학 올 정도였다.

5. 헬리콥터로 운반한 해저지진계

세계의 어느 나라에 가도 해저지진계는 가게에 가면 살 수 있는 것이 아니다. 그러므로 해저지진계는 우리가 10년이나 걸려 스스로 만든, 이른바 수제 기계이다.

이 해저지진계는 다음 사진과 같다. 상당히 작다고? 그렇다. 이 작음이 우리의 해저지진계가 성공한 비밀이다.

우리가 해저지진계를 만들기 시작한 20년 전에도 두세 나라에서 실험적인 해저지진계가 제작되었다.

그러나 그 어느 것도 작아야 책상 정도이고 크면 승용차 정도의 크기였다. 또한 고장이 자주 나는 것뿐이었다.

바다에서 사용하는 기계는 관측선으로부터 바다에 내리거나 회수해야 한다. 큰 기계는 바다가 사나워지면 배가 흔들려 작업이 위험해지므로 실험할 수 없게 된다. 그렇지만 기계가 작으면 조금 바다가 사나워져도 끄떡없이 실험할 수 있다.

우리가 만든 해저지진계는 세계에서도 가장 작은 것이었다. 또한 다른 해저지진계보다도 고장이 훨씬 적었다. 이 해저지진계는 작기 때문에 훌륭한 관측선을 사용하지 않아도 작은 어선을 빌려도, 또 헬리콥터를 사용해도 실험할 수 있다.

1983년 동해에 주부 지진이 일어났을 때는 헬리콥터를 빌려서 5대의 해저지진계를 동해 해저에 설치했다. 해저지진계는 진원 주위를 둘러싸듯이 설치했다.

동해 주부 지진은 아키타현 먼 바다에서 일어난 매그니튜드 7.7의 대지진이다. 이 지진은 쓰나미(津波; 지진해일)를 일으켜 104명이나 되는 사람이 죽었다. 지진이 일어난 뒤의 이러한 지진 관측은 여진(餘震) 관측이라고 한다.

지진이 일어난 뒤에 가도 때를 놓치는 것이 아닌가?

여진을 알고 있는가. 대지진이 일어난 뒤에 여진이 계속된다.

상처를 입으면 나중에 상처 자국이 욱신욱신 아프다. 그것과 마찬가지로 여진이란 대지진으로 지구가 상처 입은 뒤의 상처 자국이다.

얕은 곳에서 일어난 지진은 여진이 많고, 깊은 곳에서 일어난 지진에는 여진이 적다.

또 본진(本震)이 클 때는 여진도 클 때가 있고 여진이 피해를 주는 일도 있다.

여진 수(數)는 시간이 지나면 줄어들지만, 처음에는 갑자기 주는 데 비

헬리콥터로 운반되는 해저지진계

해서 시간이 지나도 주는 것이 완만해지고 좀처럼 줄지 않는다.

감도가 높은 지진계를 사용하여 작은 지진까지 관측하면, 대지진의 여진이 몇십 년 지나도 드문드문 계속되는 것을 알 수 있을 정도이다. 대지진일수록 상처자국의 욱신거림도 길게 계속된다.

여진을 조사하면 대지진이 어떻게 일어났는가, 그 성질을 조사할 수 있다. 또, 다음에 오는 지진을 예지하기 위한 중요한 자료가 되기도 한다.

여진 수는 대지진 뒤에 매일 자꾸 줄어 버리기 때문에 얼른 현장으로 가서 관측할 필요가 있다.

먼 곳에서 관측선을 오게 하면 때를 놓칠 수도 있다. 그래서 동해 주부 지진 때는 헬리콥터를 빌렸다.

우리 해저지진계는 헬리콥터로 가져갈 수 있을 만큼 작았기 때문에 이 관측이 가능하게 되었다. 그래도 그 헬리콥터에는 해저지진계를 해면에 까지 매달아 내리는 도르래를 설치했으므로 헬리콥터는 문을 열어 놓은 채 날게 되었다.

크게 열린 출입구로부터 멀리 밑의 바다가 보였다. 헬리콥터에 타고 있던 우리는 아주 무서웠다.

6. 해저지진계의 구조

해저지진계는 어떻게 작동하는가.

해저지진계는 그 이름 그대로 해저에 설치하여 거기서 지진을 관측하는 도구이다.

어떻게 해저에 설치하는가.

실은 해저지진계는 스스로 해저까지 내려가고, 관측이 끝났을 때는 다시 스스로 해면까지 되돌아온다. 그렇지만 내려가거나 올라오는 데는 엔진도 모터도 사용하지 않는다.

어떻게 그럴 수 있는가. 그것은 바닷물 속에서 작용하는 부력, 즉 물체가 떠오르는 힘을 이용한다. 욕탕 속에서 탁구공을 손에서 놓으면 공은 수면까지 올라온다. 이 탁구공을 들어 올리는 힘이 부력이다.

이상하게 들릴지 모르겠지만, 해저지진계도 물보다 가볍게 만들어진다. 그렇다고는 하지만 물론 탁구공보다는 훨씬 무겁다. 무게는 60㎏쯤 된다. 이것을 물속에 넣으면 탁구공처럼 떠오른다.

이것은 철로 만든 몇만 톤이나 되는 무거운 배가 바다에 뜨는 것과 마찬가지다. 배 무게보다도 부력이 크기 때문에 물에 뜬다.

해저지진계는 그대로 두면 떠오르게 만들고 그것에 40㎏ 정도가 되는 쇠의 추를 단다. 이렇게 하면 해저지진계는 물보다 무거워져서 스스로 바닷속 해저까지 내려가게 된다.

해저에서 관측이 끝나면 이번에는 그 추를 떼어준다. 그러면 해저지진계는 물보다 가벼워져서 해면까지 되돌아온다. 추는 해저에 버린다.

관측이 끝나고 나서 추를 떼어낼 때 재미있는 장치가 이용된다. 배 위에서 해저에 있는 해저지진계를 향해서 올라오라는 지령을 보낸다. 바닷속에서는 빛도 전파도 멀리까지 도달하지 못하므로 이 지령은 초음파라는 높은 음을 사용한다.

해저지진계는 이 음이 들리는 것을 기다리고 있다가 들리면 스스로 추를 벗어 버린다. 이 지령은 15㎞나 떨어져도 들리게 되어 있다. 그러므로 설사 해저지진계가 몇천이나 되는 해저에 있어도 불러 올릴 수 있다.

바닷속은 고래가 울든가, 배가 달릴 때 물을 헤치는 등의 여러 가지 소리로 차 있다. 이 때문에 우리가 해저지진계에 보내는 초음파는 암호로 되어 있다. 해저지진계마다 암호가 달라서 각각 따로 따로 불러 올릴 수 있다.

상당히 교묘한 장치다. 그러므로 해저지진계를 해저에 설치할 때 필요한 작업은 추를 단 해저지진계를 가만히 해면에 놓기만 하면 된다. 그러면 해저지진계는 조용히 해저까지 내려간다. 이것이라면 작은 어선이라도, 헬리콥터라도 설치가 가능하다.

관측이 끝난 뒤에 해저지진계를 회수하는 작업도 먼저 암호를 사용하여 해저지진계를 해저로부터 불러 올린다. 그리고 해면까지 떠오른 해저지진계를 회수하면 된다.

7. 수압을 버티는 것은 유리

관측이 끝난 뒤, 해저에 있는 해저지진계가 떠오르기 위해서는 부표가 필요하다. 우리 해저지진계는 이 부표로 유리구를 사용하고 있다.

이 유리구는 지름 40㎝짜리로 물속에서는 25㎏의 것을 뜨게 할 수 있는 부력을 가지고 있다. 유리 두께는 1.5㎝이다. 이 유리구 속에 해저지진계 본체를 넣었다. 세계에서 가장 작은 해저지진계는 이렇게 해서 가능하게 되었다.

유리구에 넣는 기계는 가급적 가볍고 작게 만든다. 그래도 기계 무게는 10㎏ 정도가 된다. 그렇지만 이들을 유리구 속에 넣어도 아직 25 빼기 10, 즉 15㎏의 힘으로 해저지진계는 떠오른다.

이 유리구에는 무서운 수압이 걸린다. 수압도 깊어 갈수록 강해진다.

앞에서도 얘기한 것과 같이 세계의 바다 평균 깊이는 3700m나 된다.

필자는 세계에서 가장 깊은 곳까지 잠수할 수 있는 프랑스의 심해 잠수정을 타고 4000m의 깊은 바다까지 잠수했었다. 그러나 세계의 어떤 심해 잠수정이라도 일본 해구에서 8000m까지는 잠수할 수가 없다.

우리 해저지진계는 일본 해구에서도 가장 깊은 곳에서 관측할 수 있는 것을 목표로 삼았다. 이런 깊은 바다로 들어가면 해저지진계를 넣은 용기에는 몇천 톤이라는 수압이 걸린다.

이 수압은 바다가 깊을수록 강하게 걸린다. 또 구가 클수록 강해진다. 그러므로 내가 프랑스의 심해 잠수정에 승선했을 때는 우리가 들어간 티

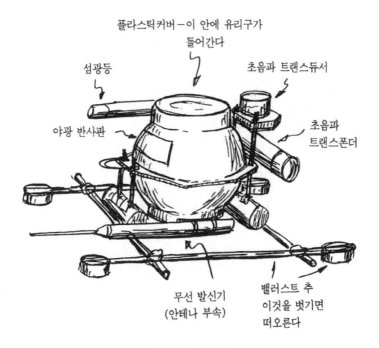

플라스틱 커버 - 이 안에 유리구가
들어간다

섬광등

초음파 트랜스듀서

야광 반사판

초음파
트랜스폰더

무선 발신기
(안테나 부속)

밸러스트 추
이것을 벗기면
떠오른다

해저지진계의 구조

탄제의 구는 해저지진계보다도 훨씬 크고 지름은 2m쯤이었으므로 4만 톤의 수압이 걸려 있었다.

겨우 6㎝의 두께밖에 안 되는 벽의 바로 바깥쪽에 이 무서운 힘이 걸려 있다는 것을 잠수 중에 생각하는 것은 그다지 기분 좋은 일은 아니다.

더욱이 그 심해 잠수정은 갓 제작된 신품이었다. 제작이 늦어져서 우리의 잠수 계획에 가까스로 시간을 맞추었다고 들었다. 그러므로 충분히 시험한 것인가 어떤가 상당히 의심스러웠다.

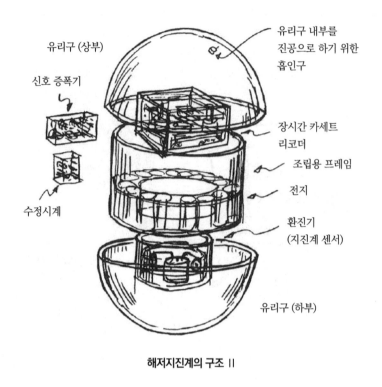

유리구 (상부)

신호 증폭기

수정시계

유리구 내부를
진공으로 하기 위한
흡인구

장시간 카세트
리코더

조립용 프레임

전지

환진기
(지진계 센서)

유리구 (하부)

해저지진계의 구조 ‖

만일 조금이라도 재료가 약하거나 설계가 잘못되었으면 필자는 짜부라졌을지도 몰랐기 때문이다. 우리 해저지진계를 위해 지금 사용하고 있는 유리구가 되기까지 많은 재료로 해저지진계 용기를 만들어 보았다.

재료에는 여러 가지 필요한 조건이 있다. 먼저 강한 것이어야 한다. 짜부라져 버리면 본전도 건지지 못한다. 러시아(구소련)의 해저지진계는 우리와 함께 지진 관측을 하고 있을 때 정말로 짜부라져 버렸던 적이 있었다.

또한 바닷물 속에서 녹슬어 버리는 재료도 곤란하다. 예를 들면, 알루미늄 종류에서 특별히 강한 것은 공교롭게도 녹이 잘 슨다. 한편 녹이 잘 슬지 않는 알루미늄 종류는 유감스럽게도 그다지 강하지 않았다.

물론 티탄과 같이 강하고 녹이 잘 슬지 않는다고 해도 너무 비싼 것은 우리 연구비로는 살 수 없었다. 이 때문에 여러 가지 종류의 알루미늄이나 철이나 글라스파이버까지 사용하여 여러 가지 용기를 시험해 보았다. 그리하여 가까스로 유리구에 도달했다.

6000m의 해저에서는 1㎝ 사방의 크기, 즉 손톱 크기 정도에 600㎏이나 되는 힘으로 꽉꽉 수압이 유리구를 누른다.

명함 1장 위에 짐을 가득 실은 덤프트럭 2대를 얹은 힘이다. 유리구 전체로는 3000톤, 무려 국내선 점보제트기가 11대 얹힌 정도의 힘이 걸린다.

이 유리는 강화 유리라고 해서 자동차나 전동차 유리에 사용하고 있다. 그다지 특별한 것은 아니다. 유리는 잡아당기거나 비틀 면 약하지만 우리의 사용법과 같이 꽉꽉 밀릴 때는 상당히 강하다.

더군다나 유리구는 금속으로 구를 만드는 것보다도 싸고, 금속처럼 녹이 슬지 않는다. 그림에서 볼 수 있는 것처럼 유리구는 가운데서 둘로 나눠지게 되어 있다. 해저지진계 본체를 넣고 둘을 합쳐서 구로 만든다.

유리구는 아무리 강하다고 해도 유리는 유리이므로 떨어뜨리면 박살이 난다. 배 등 딱딱한 것에 부딪히거나 단단한 것에 부딪혀서 금이 가거나 가장자리가 조금이라도 떨어져 나가면 쓸 수 없게 된다.

이 때문에 관측선 속에 해저지진계를 조립할 때는 손목시계를 벗고 유리구를 만질 만큼 신중히 다룬다. 손목시계의 밴드가 유리 가장자리에 부딪혀 떨어져 나가면 안 되기 때문이다.

그래도 이 귀중한 유리구를 떨어뜨리거나 부딪혀 때로는 못쓰게 될 경우도 생긴다. 원인은 배의 흔들림 또는 뱃멀미를 하고 난 뒤의 사소한 부주의 등이다. 이런 불상사가 일어나도 물론 아무도 원망할 수 없다.

8. 해저지진계의 알맹이

이 해저지진계의 유리구에는 여러 가지 부품이 들어 있다. 지면의 움직임을 전기 신호로 바꾸는 환진기(換震器), 그 신호를 몇만 배나 확대하는 증폭기, 몇 주일이나 계속 작동하면서 그동안에 일어난 지진을 모두 기록하는 카세트 리코더. 그리고 언제 지진이 일어났는가를 알기 위한 수정시계. 이 시계는 하루에 100분의 1초밖에 틀리지 않을 만큼 정확하다. 그리고 전체를 동작시키기 위한 전지. 이 카세트 리코더는 우리가 특별히 만든 것으로 아주 느린 속도로 테이프가 돌아간다.

보통의 카세트 리코더에서는 테이프 속도가 매초 4.8㎝로 회전한다. 그러므로 45분이나 길어도 60분으로 카세트의 한 면이 끝난다. 그러나 우리가 만든 해저지진계를 위한 카세트 리코더에서는 테이프가 매초 겨우 0.1㎜밖에 회전하지 않는다. 보통 카세트 리코더에 비해서 500분의 1이 느린 것이다.

이렇게 테이프 속도가 느리기 때문에 단지 1개의 카세트 테이프가 모

해저지진계의 알맹이

두 회전하는 데 반달이나 한 달이 걸리게 된다. 즉, 그 기간에 일어난 지진이나 인공 지진을 모두 1개의 테이프에 기록할 수 있다.

환전기에서 카세트 리코더, 전지까지, 이 모두가 작은 유리구 속에 빽빽이 들어 있다. 즉 육상에 있는 지진 관측소 하나 몫을 그대로 유리구 속에 넣었다. 마지막으로 플라스틱으로 만든 헬멧을 유리에 씌운다. 보호를 위해서이다.

해저지진계를 이만큼 작게 만드는 것은 큰일이었다. 세계 여러 나라에서 해저지진계를 만들려고 했다. 학자들이 잘 완성해내지 못 했던 것은 작고 성능이 좋은 것을 만드는 것이 어려웠기 때문이다.

이 해저지진계는 아주 높은 감도를 가지고 있다. 만일 육상에 설치하면, 여러분이 100m 앞에서 걸어 다녀도 지면이 흔들리는 것을 감지할 수 있다.

전동차이면 몇 km 앞을 달려도 지면의 흔들림을 감지할 정도이다.

감도가 높은 탓으로 곤란한 일도 있다. 예를 들어 6000m나 되는 깊은 해저에 설치해도 위에서 배가 지나가면, 저쪽 수평선 멀리에서 나타나서 이쪽 수평선 멀리까지 사라질 때까지 쭉 배 스크루의 잡음을 계속 기록한다. 소리가 해저를 뒤흔든다. 즉, 그동안에 지진이 일어나도 기록할 수가 없다.

또 고래의 울음소리나 물고기가 내는 소리도 해저를 흔들어 놓는 바람에 모두 기록해 버린다.

그뿐 아니다. 해저에는 극히 작은 동물이 가득해서 무슨 호기심을 가지고 있는지 해저지진계 근처에 몰려오는데, 그중에는 해저지진계를 타고 올라오는 동물도 있다. 해저지진계는 이 조그만 동물의 움직임도 기록해 버린다. 이 모두가 지진 관측에서는 모두 방해가 되는 잡음이다.

이것이 어떤 동물인지 우리는 모른다. 언젠가는 잡아보려고 생물학자들과 의논하고 있는 중이다. 생물학자에게도 꼭 잡아서 조사하고 싶은 대상이다. 새잡는 끈끈이 같은 것을 붙여서 잡거나 그렇지 않으면 낚싯바늘을 달아놓고 잡을까 생각하고 있다.

9. 해저지진계 설치는 어렵다

지구 연구의 최전선을 살펴보자.

해저지진계를 해저에 설치하러 가는 배를 타본다. 지금까지 우리 해저 지진계는 작은 배로는 17톤, 큰 배로는 5000톤의 배로 관측한 일이 있다.

17톤의 배는 홋카이도의 어선이었다. 1982년에 홋카이도 바로 남쪽 먼 바다에서 우라카와 먼 바다 지진이 일어났을 때 지방의 어선을 빌려 해저에서 여진을 관측했다. 선주인 다니자키 씨의 호의로 무료로 빌릴 수 있었다.

이 지진은 매그니튜드 7.1. 태평양 연안에 있는 우라카와 정에서는 진도(震度) 6의 흔들림으로, 다행히도 사망자는 나오지 않았지만 170명의 부상자와 100억 엔을 넘는 손해를 입혔다.

원래 우라카와 먼 바다는 홋카이도와 그 주변에서 지진 활동이 가장 활발한 지역인데 이 지진은 그중에서도 큰 지진이었다. 이 때문에 대체 어떤 지진이 일어났는가를 조사하여 장래의 지진 예측에도 유용한 데이터를 얻기 위해 여진을 관측했다.

우라카와 지진은 매그니튜드가 7.1이고 우와카와 정에서는 진도 6이라고 했다. 앞에서 매그니튜드 이야기를 했는데, 매그니튜드와 진도의 차이를 알고 있는가. 둘 다 지진의 세기이다. 이 두 가지는 흔히 헷갈리는데, 서로 다른 것이다.

또 매그니튜드는 세계 공통의 자인데, 일본에서 사용하는 진도는 외국의 진도와 자가 다르다. 일본의 진도는 0에서 7까지인데, 외국의 진도는 0이 없고 1에서 12까지 있다. 이렇게 다르므로 신문이나 텔레비전 등은 아직도 흔히 혼동하는 경우가 많다. 우리가 보면 아슬아슬하게 생각되는 일이 흔히 있다.

매그니튜드가 전구 빛의 세기라고 하면, 진도는 책상 위의 밝기이다. 책상 위의 밝기는 전구가 밝을수록 밝아지는데, 같은 전구라도 전구에 가까운 곳에서는 더 밝아진다. 즉, 매그니튜드는 일어난 지진 그 자체의 크기이다.

진도란 어떤 장소에서 기록한 흔들림의 크기이며 지진의 경우, 가까우면 크고, 멀면 작은 숫자가 된다. 매그니튜드 8의 거대한 지진의 경우, 가까운 곳에서는 진도가 6이나 7이 될지도 모른다. 그렇지만 멀어질수록 진도가 작아져서, 이윽고 진도 1, 그리고 진도 0이 되어 버린다.

해저지진계를 바다에 설치하러 가는 배 이야기로 되돌아가자. 우라카와 지진 때는 다니자키 씨가 흔쾌히 어선을 빌려준 덕분에 4대의 해저지진계를 해저에 설치할 수 있어서 우라카와 먼 바다 지진이 어떤 지진이었는가를 밝혀낼 수 있었다. 이것이 우리가 해저지진계 작업으로 탄 가장 작은 배였다.

한편, 5000톤의 배는 독일(옛 서독)이 자랑하는 최신 관측선으로 1988

년에 우리 해저지진계를 사용하여 대서양에서 관측했다. 큰 배였고 배의 운전 지령실인 선교(船橋)는 안에서 캐치볼을 할 수 있을 정도로 넓다.

어느 쪽에 탄 얘기를 할까. 작은 쪽이 재미있을지 모르겠다. 오늘은 홋카이도의 17톤짜리 어선을 타보자. 선장은 다니자키 씨이다. 햇볕에 거슬거슬해진 우람한 팔로 타륜을 잡고 있다. 이 배의 선교는 캐치볼은 커녕 의자도 없다. 두 사람이 들어서면 그것으로 가득 찰 정도이다.

그러나 배의 위치를 아는 기계나 바다 깊이를 조사하는 기계, 무선기 등 필요한 기계는 모두 갖추어져 있다. 게다가 이 근방의 해저는 모두 다 니자키 씨의 머릿속에 들어 있다. 해저의 어디에 어떤 산이나 골짜기가 있는가, 해저에는 바위가 나와 있는가, 모래인가…. 다니자키 씨도 물론 본 일이 없는 해저이지만 오랫동안의 경험으로 마치 자기 집 마당처럼 잘 알고 있다.

해저지진계 4를 우리카와 먼 바다 지진의 진원을 둘러싸듯 설치한다. 해저지진계를 실은 배는 아침 일찍 우리카와항을 출발했다. 해저지진계 는 전날 우리카와 어항(漁港)의 안벽을 빌려 조립하고 정비했다.

바람을 가르고 곧장 해저지진계를 설치할 장소로 향했다. 처음에 해저지진계를 설치할 목적지까지는 4시간. 그 뒤 차례차례 해저지진계를 설치하면서 돌아다닌다. 때는 3월이다. 홋카이도의 바다에서는 아직 때때로 눈이 휘날리는 겨울 경치이다. 기온도 0도에 가까운 추위다.

이른 봄은 파도도 거칠어서 배는 잘 흔들린다. 도와주던 학생 하나는 기분이 나빠져서 갑판에 주저앉아 버렸다.

목적지에 가까워지면 바빠진다. 해저는 울퉁불퉁하지 않는가. 해저지진계를 설치하기에 너무 깊지 않은가, 너무 얕지 않은가 하는 것을 바다 깊이를 재는 기계로 조사하면서 배는 나아간다.

이 기계는 배에서 초음파를 내서 해저로부터 반사하여 되돌아오는 시간을 잰다. 박쥐가 새까만 동굴 속을 나는 것과 마찬가지 이치다.

이리하여 장소가 결정되면 배의 엔진을 멈춘다. 해저지진계를 배 갑판 위에서 들어 올려 조용히 해면으로 내린다. 매단 밧줄을 벗기면 해저지진계는 아차하는 사이에 보이지 않게 되고 그대로 해저까지 가라앉는다.

가라앉는 속도는 1초에 1m. 3000m 깊이의 바다에서는 50분쯤 걸려

해저지진계를 설치하는 어선

해저에 도착하게 된다. 해저지진계를 불러 올리기 위한 초음파의 암호 얘기를 앞에서 했다. 이 초음파를 내는 기계는 실은 해저지진계와 배와의 거리도 잴 수 있다.

이 기계로 재면 지금 바다에 넣은 해저지진계와의 거리가 점점 멀어지는 것을 알게 된다. 200m, 500m, 그리고 1000m. 얼마 후 재고 있는 거리가 멎는다. 해저지진계가 해저에 도착했다. 한시름 놓게 된다.

해저지진계가 해저에 도달한 것을 확인하면 해저지진계를 설치하는 작업은 끝난다. 배는 엔진을 걸어 다음 해저지진계를 설치할 지점으로 향한다.

조금 이르지만 다음 작업을 시작하기 전에 "점심을 먹읍시다"라고 다니자키 씨가 말한다. 배의 식사 메뉴는 생선을 뭉텅뭉텅 썰어 넣은 뜨거운 된장국과 회다. 생선은 물론 막 잡은 것이다. 쏨뱅이라고 해서 빨갛고 눈이 큰 양볼락과의 물고기로 다니자키 씨가 매일 깊은 바다에 그물을 쳐서 잡는 고기이다.

바람이 휘몰아치는 갑판에서 냄비를 둘러싸고 책상다리를 하고 앉아 식사를 한다.

차가운 바닷바람을 맞으면서 배 위에서 먹는 음식의 맛은 각별하다.

10. 더 어려운 해저지진계의 회수

또 하나 다른 배를 타 보자.

이번 배는 노르웨이 대학의 관측선이다. 때는 1987년, 우리의 해저지진계를 피오르드 바닥에 설치하여 인공 지진 실험을 했다. 노르웨이의 지하구조를 연구하는 실험이었다.

노르웨이에는 많은 피오르드가 있다. 그중에서도 길이 200㎞나 되는, 가장 긴 것이 송네 피오르드이다. 여기는 노르웨이 서해안에 있는 이 나라 제2의 도시 베르겐에 가깝기도 해서 세계 각지에서 관광객이 밀어닥치는 아름다운 곳이다.

우리 해저지진계는 이 송네 피오르드 바닥의 여기저기에 설치되었다. 해저지진계는 일본에서부터 비행기로 운반되었다.

배의 크기는 500톤. 그렇게 큰 배는 아니다. 그러나 해저에서의 지구과학 관측을 위한 장비로는 일본 최대의 관측선보다도 뛰어나다. 더욱이 이 배는 노르웨이 유일의 관측선이 아니고 몇 척의 자매선이 더 있다.

홋카이도보다 인구가 적은 노르웨이가 일본보다 훌륭한 관측선을 많이 가지고 있다는 것은 '해양국가'라고 하는 일본의 간판을 부끄럽게 만든다.

배 안으로 들어가면 역시 북유럽의 배답다. 나무를 넉넉히 사용한 배의 내장이나 가구는 안정감이 있고 또한 세련됐다. 방마다 바닥에는 융단이 깔려 있다. 매일 청소하거나 베드메이킹을 해준다. 필자는 일본의 여러 관측선에 몇 번이나 탔지만, 바닥에 융단을 깔지도 않고 매일 청소를 해주거나 베드메이킹을 해준 일은 한 번도 없었다.

배 안의 도서실에는 가죽을 씌운 안락의자가 있어서 너무 편안해 무심코 졸릴 정도이다. 이 도서실은 밤에는 영화관이 된다.

북유럽 배의 쾌적함은 비단 관측선뿐만이 아니다. 화물선이나 어선조차 일본보다 훨씬 사치스럽다.

노르웨이의 대학을 빌려서 해저지진계의 준비를 했는데, 방학 중인데도 실험실 수도꼭지에서는 제대로 더운물이 나왔다. 일본의 대학에서는 방학 중이 아니라도 물론 찬물만 나온다. 일본은 돈이 많은지는 몰라도 이런 면에서는 아직 선진국이 아니고 중진국이라고 생각한다.

송네 피오르드에서 해저지진계를 설치한다

식사도 역시 본고장의 바이킹답다. 식당 끝에 탁자가 놓여 있고 몇 번이라도 거기로 가서 덜어오면 된다. 그러나 시내의 식당이 아니므로 식후의 디저트인 아이스크림 등은 떨어지는 경우가 있다. 어쨌거나 아이스크림을 큰 접시에 고봉으로 떠다가 먹고 있는 연구자나 선원이 많으니까.

과일은 언제나 식당에 놓여 있고 아무나 먹어도 된다. 먹기만 하면 운동 부족이지 않느냐고? 그러나 배 안에는 실내 운동용구가 비치된 체육관이 있다.

피오르드는 빙하가 깎아낸 지형이다.

배의 양쪽에는 벽과 같이 험한 산이 다가서 있다. 숨을 죽일 만큼 하얗게 빛나는, 크게 퍼진 빙하를 덮어 쓰고 있다. 피오르드의 너비는 넓은 곳에서는 5km쯤 되는데, 좁은 곳에서는 1km밖에 안 된다.

보이는 산기슭의 좁은 곳에 군데군데 작은 마을이 있거나 외따로 농가가 있기도 하다. 피오르드의 양쪽 마을을 연결하는 연락선이 운행된다. 산과 바다를 함께 즐길 수 있는 꿈과 같은 아름다운 경치다.

피오르드의 깊이는 재미있게도 바다로부터의 입구 가까운 곳에서는 200~300m쯤인데, 안으로 들어가면 깊어져서 1300m를 넘는다. 너비가 좁고 깊은 골짜기다.

그러나 무서운 얘기를 들었다. 피오르드는 좁고 길고, 또한 입구에 비해서 안쪽은 훨씬 깊다. 그러므로 피오르드 속의 바닷물이 교체되는 일은 거의 없다.

이것이 비극의 시작이었다.

세계에서 가장 아름다운 자연이 남아 있다고 생각되던 노르웨이의 피오르드 몇 곳에서는 실은 공해가 심각한 문제가 되고 있다. 그것은 연안의 공장 때문에 예전에 일단 오염되어 버린 피오르드에서는 이제는 물을 깨끗하게 할 수 없기 때문이다.

피오르드의 지하에 어떤 바위가 어떻게 쌓여 있는가는 아직 잘 알려져 있지 않다. 이런 것을 연구하기 위해서는 인공 지진이 필요한데, 노르웨이에서는 보통의 인공 지진을 일으키는 방법은 아주 사용하기 어렵다.

그것은 노르웨이 전국토가 산이나 빙하나 피오르드로 뒤엉켜 있기 때문에, 육상에 지진계를 몇 ㎞마다씩 100㎞ 이상의 거리에 걸쳐 배치해야 하는 표준적인 인공 지진 방법이 적용하기 어렵기 때문이다.

산악지대에도 빙하에도 그리고 피오르드에도 지진계를 설치하는 것은 불가능했다.

그러나 해저지진계가 있으면 피오르드 속에 배치할 수 있다. 즉 우리는 해저지진계를 피오르드 바닥에 설치함으로써 그때까지 잘 모르던 피오르드의 지하구조뿐만 아니고 그 주변의 노르웨이의 지하구조도 조사하려는, 지금까지 아무도 생각하지 못한 연구를 처음으로 시도할 수 있었다.

즉 이 실험은 그때까지는 육상에서 할 수 없었던 대륙 연구를 해저지진계를 이용하여 조사하려는 '역전의 발상'이었다.

이 연구는 노르웨이의 대학과의 공동연구로 실행되었다. 우리가 해저지진계를 일본에서 가져가고, 노르웨이의 대학이 관측선을 빌려주고 인공 지진을 일으켜 주었다. 피오르드의 서쪽에서 동쪽까지 약 15㎞마다에 해저지진계를 설치한 다음에 관측선은 에어건(Air Gun)으로 인공 지진을 일으키면서 이번에는 피오르드를 동쪽에서 서쪽을 향해서 달린다.

에어건이란 압축공기를 사용하는 공기대포이며 1분에 1회 '탕'하는 낮은 음을 낸다. 크기는 복싱 연습에 사용하는 샌드백 정도로 배 뒤에서 바닷속에 매단 채 달린다.

원래 에어건은 해저의 석유 지진탐사를 위해서 바닷속에서 지진파를 내기 위한 도구로 바다의 인공 지진에는 잘 사용된다. 인공 지진이라고 해도 미니 지진으로 근처에 있는 물고기조차도 죽이지 않는다.

에어건에서 나간 지진파는 지구 속으로 숨어들어 가 깊은 곳의 정보를 포착하고 다시 지구 표면으로 되돌아온다. 거기서 해저지진계에 기록된다.

노르웨이의 실험은 3년 연속이었다.

이번에도 같은 배인데 때는 1989년 여름이었다. 우리는 다시 해저지진계를 가지고 노르웨이 바다로 갔다.

북위 70도의 바다는 밤 10시가 되어도 태양이 쨍쨍 내리쬔다. 백야이다. 우리 일본인에게는 실로 불가사의한 경치이다.

노르웨이 먼 바다에 있는 대서양 중앙 해령에서는 지금도 판이 차례차례 태어나고 있다. 이 판은 손톱개구리 얘기에서 설명한 것같이 동쪽에서는 유럽 대륙과 아프리카 대륙을, 또 서쪽에서는 북미 대륙과 중미, 남미 대륙을 실은 채 자꾸 퍼져가고 있다.

왜 하나였던 대륙이 갈라지기 시작했는가, 갈라지기 시작할 무렵에 무엇이 일어났는가는 잘 알려져 있지 않다. 이것은 지구물리학의 수수께끼다.

인공 지진을 일으키는 에어건

우리는 이것을 연구하기 위해서 연달아 노르웨이에 왔다. 노르웨이는 유럽 대륙의 서쪽 끝에 있으므로, 노르웨이에서 그 먼 바다에 걸친 지하에는 갈라지기 시작한 대륙이 남아 있을 것이다.

옛날 대륙을 지하에서 찾아서 그 성질을 조사할 수 있으면 수수께끼에 도전하는 실마리를 잡은 것이 된다. 지금까지 많은 연구자가 이 수수께끼에 도전하고 있다.

해저지진계가 배에 부딪히지 않는가?

문제는 갈라지기 시작할 때의 대륙 위를 대서양 중앙 해령에서 나온 용암이 흘러서 넓게 덮은 채 굳어져 버린 것이다. 이것이 노르웨이 먼 바다의 해저를 만들고 있다. 단단한 용암이 덮어 버린 밑을 엿볼 수 있는 것은 해저지진계뿐이었다.

이 해에는 25대의 해저지진계를 일본에서 가져와서 대서양 바닥에 설치했다. 25대의 해저지진계는 200㎞ 사방 범위 50㎞마다 그물코 모양으로 배열되었다.

그 그물코 위를 에어건을 매단 관측선이 종횡으로 돌아다녔다. 인공 지진을 위해서 돌아다닌 거리는 2000㎞에 이르렀다. 상당한 대실험이었다.

가까스로 이 대실험은 마지막에 가까워지고 있다. 해저지진계의 회수가 시작되려고 하고 있다. 관측선은 해저지진계를 설치한 장소에 도착했다. 귀에 겨우 들릴까 말까 하는 높은 음이 배 안에서 울린다. 해저에 있는 해저지진계에 초음파 신호를 보내고 있다. 신호는 해저지진계까지의 거리를 재기 위한 것이다.

신호를 받은 해저지진계는 초음파로 대답한다. 해저지진계가 멀리에 있을수록 대답이 늦어지므로 배에서 초음파를 보내고 나서 대답이 돌아올 때까지의 시간을 정확하게 재면 해저지진계까지의 거리를 알 수 있다. 거리는 디지털의 숫자로 기계 위에 나타난다.

다음에 해저지진계를 떠오르게 하는 명령을 배로부터 보낸다. 이 명령은 암호로 되어 있어서 해저지진계마다 다르다. 이 명령을 받으면 해저지진계는 스스로 추를 벗고 가벼워져서 떠오른다.

해저지진계가 떠오르는 속도는 매초 1m. 기다리고 있는 동안에 수면까지 떠오를 것이다. 3000m, 2000m, 1000m 그리고 500m. 초음파로 측정하고 있는 해저지진계까지의 거리가 자꾸 가까워져서 해저지진계가 배에 가까이 오고 있는 것을 알게 된다.

올라온 해저지진계가 배에 충돌하지 않는가? 해저지진계는 배 바로 아래로 올라오지 않는다. 바닷속에 있는 흐름 탓으로 올라오는 도중에서 200~300m쯤 휘어버리기 때문이 다.

해저지진계가 수면에 올라올 무렵이 되면 배 안은 긴장이 높아진다. 해면에 올라온 해저지진계를 얼른 발견하지 못하면, 해저지진계는 해류

지진 관측을 끝내고 배에 끌어 올려지는 해저지진계

에 실려 자꾸 흘러가 버릴지 모른다. 그렇지 않아도 해저지진계는 작기 때문에 넓은 바다에서는 의외로 찾기 어렵다.

해저지진계에는 수면에 올라오면 전파 신호를 내는 장치가 있다. 이 전파를 포착하여 해저지진계를 찾는다. 또 사진 플래시와 같은 강한 빛을 번쩍번쩍 내는 장치도 있다. 이것은 밤에 해저지진계를 찾을 때 쓸모가 있다.

이 빛은 백야에서는 그다지 쓸모없다. 심야가 되어도 태양은 수평선에 아주 가까운 데도 결코 지지 않고 자꾸 옆으로 굴러갈 뿐이다. 그러는 동안에 다시 수평선에서 떨어져 올라가기 시작한다. 이것이 백야의 불가사의한 새벽이다.

방향탐지기를 조작하는 사람이 있다. 이것은 전파가 온 방향을 알기 위한 기계이다. 스크린에 나오는 녹색 화살표는 해저지진계가 배의 동서남북 어느 쪽에 있는가를 나타낸다.

또 다른 사람은 배의 돛대나 높은 곳으로 올라가서 쌍안경으로 해저지진계를 찾는다. 날씨가 좋고 파도도 조용한 날은 떠오른 해저지진계를 발견하기가 쉽다.

그러나 파도가 있는 날에는 우리 해저지진계와 같이 작은 것은 파도와 파도 사이에 숨어 버린다. 잘 보이도록 오렌지빛이나 황색을 칠해 놓았지만 그래도 찾아내는 것은 상당히 큰일이다.

북쪽 바다에는 흔히 안개가 낀다. 이럴 때 해저지진계를 찾는 일은 괴로운 작업이다. 여름이라도 추운 배 위에서 안개 물방울로 온몸이 흠뻑 젖은 채 떨면서 모두 흩어져서 주위를 뚫어지게 보게 된다.

"저기, 저기 있다!"

누군가 큰소리를 낸다.

잘 되었다. 해저지진계가 발견되었다. 이럴 때 기뻐하는 모습은 어느 나라 사람이라도 마찬가지다.

그다음은 배를 가까이 대서 주워 올릴 뿐이다.

해저지진계를 찾으려고 쌍안경으로 둘러보다가 고래를 찾았다는 북쪽 바다다운 에피소드도 흔히 있는 일이다.

5장

아직도 남은 지구의 수수께끼

1. 들어올려지는 스칸디나비아 반도

움직이지 않는 것은 대지와 같다는 말이 있다.

지진이나 화산 분화가 일어날 때는 바위가 움직이거나 휘기도 한다. 그렇지 않은 바위는 단단해서 모양도 변하지 않는 것이라고 생각하는 사람이 많을 것이다.

그러나 지구를 연구하고 있는 학자가 본 지구의 바위는 전혀 다른 것이다. 바위가 지우개보다 단단한 것은 틀림없다. 그렇지만 지구를 구성하고 있는 바위는 특별한 성질을 가지고 있다. 그것은 보통으로 힘을 걸었을 때는 단단해도 천천히 천천히 힘을 걸었을 때는 바위가 훨씬 연해진다.

천천히 천천히란 정말로 긴 시간이다. 몇천 년이나, 또 몇만 년이나 계속 힘을 걸어야 한다. 즉, 지구 역사의 시간 규모로 보면 바위는 아주 연한 것이다.

예전에 교토에 살고 있던 선생이 바위 위에 누름돌을 놓고 정년이 될 때까지 그 바위가 우그러드는 모양을 측정한 일이 있었다.

정신이 아찔해지는 얘기다. 몇십 년인가 지났을 때는 바위는 얼마간 우그러들었는데, 앞으로 몇만 년 더 측정하면 틀림없이 바위가 자꾸 오그라드는 것을 알게 되었을 것이다.

우리가 알고 있는 바위란 시간이 지나기만 하면, 누르면 오그라들고, 솟은 것은 무너지고, 그뿐만 아니라 힘을 계속 가하면 마치 물엿처럼 천천히 흐르는 일조차 생긴다.

솟아오르는 대지

노르웨이와 스웨덴은 스칸디나비아반도라는 길쭉한 반도에 실려 있다. 실은 이 스칸디나비아반도는 해마다 높이가 높아지고 있다. 지금까지 몇천 년 동안이나 쭉 솟아오르고 있다. 일본보다 훨씬 큰 이 반도 전체가 이미 100m나 솟아올랐다.

그러나 솟아오르는 속도는 조금씩 느려지고 있다. 지금의 속도는 1년에 1㎝, 즉 1000년이 걸려 10m 솟아오르는 속도이다.

여기에서는 어떤 사건이 일어나고 있는가.

장차 화산이라도 분화할까.

그렇지 않다. 이 수수께끼는 바위가 연하지 않으면 풀리지 않는다.

스칸디나비아반도에는 옛날 빙하시대에는 3㎞나 두꺼운 빙하가 얹혀 있었다. 그리고 1만 년쯤 전에 빙하시대가 끝났다. 지구는 따뜻해지고 빙하는 녹아서 없어졌다.

곤약 위에 젓가락을 놓으면 어떻게 되는가. 곤약은 오그라든다. 젓가락을 치우면 곤약은 다시 원래대로 되돌아간다. 즉 곤약이 스칸디나비아반도와 그 밑의 바위이고 젓가락이 빙하이다.

스칸디나비아반도는 유라시아판 위에 얹혀 있다. 그리고 유라시아판은 그 밑에 있는 맨틀 위에 실려 있다.

기억하고 있겠지만, 맨틀이란 탐험선에서 본 빛나는 바위이다. 판 밑에서 지구 속 깊이까지 몇백 ㎞나 이어져 있는 부분이다. 판은 맨틀보다도 단단하지만, 곤약과 같은 성질을 맨틀이라는 부분의 바위가 강하게 가지고 있다.

맨틀을 만들고 있는 바위는 곤약과 마찬가지로 오그라들고 다시 원래대로 되돌아온다. 단지 원래대로 되돌아오는 데에도 지구의 시간 규모가 필요하다. 누름돌이 없어지면 원래대로 되돌아가는, 그런 일이 1만 년 동안이나 스칸디나비아반도에서는 쭉 계속되고 있다.

지구는 이렇게 옛날 사건을 기억하고 있다. 지구물리학이나 지질학은 지구가 기억하고 있는 옛날 사건을 추리소설과 같이 읽어내는 학문이기도 하다.

남극 대륙은 빙하로 덮여 있다. 그 빙하의 두께를 조사하면 빙하 밑에 있는 바위의 지형을 알게 된다. 즉 남극대륙의 진짜 지도를 그릴 수 있다.

그런데 이상한 일이 있었다. 서부 남극에서는 지형의 표고가 마이너스가 되는 곳이 많다는 것을 알게 되었다. 서부 남극이란 경도가 서쪽에 있는 남극, 즉 남아메리카 쪽 남극이다. 가장 낮은 곳은 -3000m나 되어 있다.

무엇이 이상한가?

원래 빙하는 내린 눈이 겹쳐 쌓여 두꺼운 얼음이 된 것이다. 원래 바위 높이가 마이너스라면 바다 밑에 눈이 쌓인 것이 된다. 이런 일은 있을 수 없다.

이 원인도 지구가 연한 탓이었다. 원래 해면 위에 있던 남극대륙에 눈이 쌓여 두껍고 무거운 빙하가 얹혔다. 이 무게 때문에 지구가 오그라들었기 때문이다.

그러나 지구의 연한 성질에 대해서는 아직 모르는 일이 많다. 지구의 얼마만큼 깊은 곳에서는 얼마만큼 연한가. 그것은 된장국과 같이 지구 속의 대류를 연구하기 위해 중요한 데이터인데 아직 거의 알려지지 않고 있다.

2. 지진을 기다리고 있는 사람들

큰 지진이 일어나는 것을 기다리고 있는 사람들이 있다. 누구인가. 악마? 가난의 신? 아니, 지진학자이다.

지진학자가 기다리는 것은 지진에서 나오는 강한 지진파이다. 이 지진파는 인공 지진파보다 훨씬 강한 것이므로, 지구 속 깊은 곳을 뚫고 나와 지구 반대쪽에 있는 지진계에까지 도달하여 거기에 기록된다.

지진계가 일본에서 19세기 말에 발명되었다는 얘기를 앞에서 했다. 그 후 1889년에는 일본에서 일어난 지진이 독일의 포츠담에서 기록되었다. 지구 반대쪽까지 지진파가 도달한다는 것을 처음으로 알게 되어, 그 이래 지진계는 지구를 조사하는 유용한 관측기로 인정되었다.

이 지진은 구마모토현의 지하에서 일어나 200채의 집이 무너지고 20명의 희생자가 났다. 지진 매그니튜드 6.3. 그 당시의 피해자에게는 미안한 얘기지만, 피해 범위는 지름 20㎞ 범위에 한정된 지진으로 지진국 일본에서는 결코 대지진 축에 들지 못할 정도의 지진이었다. 실제로 2년 뒤에 사망자가 7000명이 넘은 노비(濃尾) 지진이 일어났다.

그러나 어쨌든 지진계와 지진 관측의 역사에는 일본이 상당히 관련되어 있다.

지진이 일어나면 수면에 돌을 던졌을 때의 파문이 퍼지는 것처럼 지구 속으로 지진파가 전파된다.

큰 지진의 에너지는 대체 어느 정도인가.

이것은 놀랄 만큼 크다. 세계에서 최대급의 지진 에너지는 일본 전체에서 사용하고 있는 전기 에너지의 하루 반이나 된다. 인공 지진으로는 도저히 이런 에너지를 낼 수 없다.

이리하여 세계 곳곳에 설치한 지진계에 도달할 만한 정도의 지진이 일어나면 그 기록을 조사해서 지구 속 깊은 곳의 모습을 알게 된다. 앞에서도 얘기한 것과 같이 지진파는 지구 속을 숨어들어 가서 그곳의 정보를 날라다 주는 리포터이다.

공상의 탐험선에서 본 지구 한가운데에 급속히 녹은 큰 액체구가 있다는 것도 이 리포터의 보고로 처음 알게 되었다.

지진파에는 몇 종류가 있다.

지진이 일어났을 때 처음에 덜커덩덜커덩하고 흔들리고 그다음에 흔들흔들하고 흔들리는 것을 알 수 있다. 왜 그런지 알고 있는가. 그것은 진원에서 2종류의 지진파가 동시에 나왔는데도 덜커덩덜커덩하는 파 쪽이 흔들흔들하는 파보다도 속도가 빠르기 때문에 자꾸 앞으로 나아간다. 그러므로 지진을 느끼는 쪽에서 보면 덜커덩덜커덩하는 파가 먼저 도달하고 나서 그다음에 흔들흔들하는 파가 도달한다. 그러므로 두 번 흔들린다.

번개가 번쩍 빛나고 나서 잠시 있다가 쾅하고 소리가 나는 것과 마찬가지이다. 번개의 경우는 빛이 소리보다도 훨씬 빠르기 때문에 빛이 도달하고 나서 소리가 도달한다. 번개의 경우든, 지진의 경우든 이 시간차를 헤아리면 번개나 지진까지의 거리를 알 수 있는 것도 비슷하다.

지진파 중에는 지구 속을 뚫고 나가지 못하고 지표만을 통과하는 기묘한 것도 있다. 이렇게 지진파에는 몇 종류가 있는데, 모두가 고체 속을 통과할 수 있다. 그러나 그중에는 액체 속을 통과하지 못하는 파가 있다. 앞서의 흔들흔들하는 파이다.

지구 반대 쪽 지진계에는 액체를 통과할 수 있는 파만 오고 통과하지 못하는 파는 오지 않았다. 이 때문에 지구 속에는 액체가 있는 것이 틀림

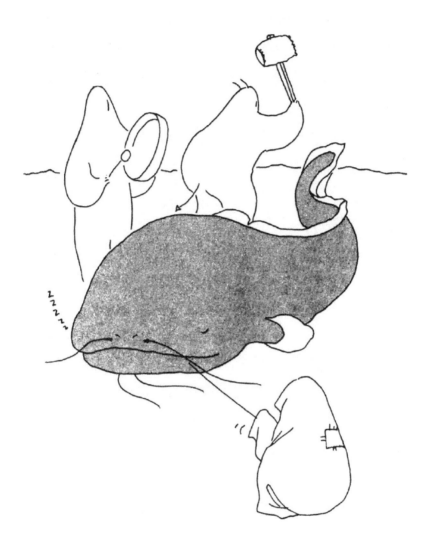

악마? 가난의 신? 지진학자?

없다는 사실을 알게 되었다. 몇 개의 지진으로부터 지구 반대쪽에 있는 몇 개의 지진계에 도달한 지진파의 리포터 보고에 의해 이 액체구는 지름이 7000㎞나 된다는 것을 알게 되었다. 달보다도 2배나 컸다.

조금씩 다른 장소를 통과해온 리포터 얘기를 종합하면 구의 크기를 알 수 있다.

그 뒤 더 불가사의한 것도 알게 되었다. 이 액체구의 중심에 녹지 않은 단단한 구가 있다는 것을 발견했다. 앞에서 탐험선 창에서 본 것과 같이 이 액체구는 외핵, 그 속의 단단한 고체구는 내핵이라고 불린다.

우리 지구물리학자에게 유감스러운 것은, 지구 속 깊은 곳에 대해서는 아직 잘 알려져 있지 않다는 점이다. 지구의 얕은 곳에 비해서 깊은 곳의 일은 아직 거의 모르고 있다. 우리는 더욱 많은, 또한 유능한 리포터의 보고를 수집해야 한다.

필자의 친구인 지진학자는 대서양의 한가운데에 있는 중앙 해령의 지하 깊은 곳은 어떻게 되어 있는가를 연구하기 위해서 남태평양 피지섬의 지하에서 큰 지진이 일어나는 것을 기다리고 있었다. 안성맞춤의 지진은 여간해서는 일어나지 않는다. 10년이라도 기다릴 작정이었다. 정신이 아찔해지는 얘기다.

대서양의 지하를 조사하기 위해서 남태평양의 지진?

이상하게 들릴 것이다. 더욱이 그는 홋카이도에 설치한 지진계를 사용하고 기다렸다. 무슨 퀴즈 문제 같은 얘기이다.

피지섬의 지진에서 나온 파는 지구를 뚫고 나아가서 대서양 중앙 해령까지 도달한다. 그렇지만 그 파가 강한 것이면 거기서 되튕겨서 다시 지구 속으로 향한다.

연못에 돌을 던졌을 때 수면 위에 파문이 퍼져가서 연못 가장자리에서 반사하여 되돌아가는 것처럼 지진파도 지구 속에서 왔다 갔다 하는 경우가 있다.

이리하여 지진파는 지구 속을 다시 한번 뚫고 나아가서 이번에는 일본 밑으로 와서 일본에 있는 지진계에 잡힌다. 마치 당구공과 같은 계산이다. 즉, 일본의 지진계 기록을 연구하면 지구 반대쪽의 대서양 중앙 해령의 일조차 알 수 있다.

남태평양도 일본처럼 지진이 잘 일어나는 곳인데, 그래도 큰 지진은 몇 년에 한 번밖에 일어나지 않는다. 필자의 친구에게 다행인 일은 기다린 지 3년 만에 이 기다리던 지진이 일어난 것이었다.

지구 속에서 지진파가 전파되는 속도는 실로 빠르다. 지구의 얕은 곳에서도 1초에 4km나 6km인데, 깊어지면 1초에 13km 이상의 거리를 달린다.

이것은 제트 여객기의 15배에서 45배에 해당하는 속도이다. 그렇게 빠른 지진파라도 피지에서 대서양까지 갔다가 마지막으로 일본에 도착하기까지는 35분이나 걸렸다.

그동안에 지진파는 지구 속을 3만 km 가까이나 여행했다.

이렇게 해서 일본에 있는 지진계의 데이터로부터 대서양에 있는 해령의 지하 깊은 곳의 연구를 한 가지 할 수 있게 되었다.

또 하나 다행인 일은, 이 지진이 깊은 곳에서 일어났기 때문에 건물에도 사람에게도 아무런 피해를 주지 않았던 것이다. 그러나 이런 큰 지진이, 더욱이 안성맞춤인 곳에서 일어나는 일은 좀처럼 없다.

그러므로 지구 속 깊은 곳의 일은 아직도 수수께끼가 남아 있다. 그중에서도 맨틀과 외핵과의 경계, 즉 고체 바위와 액체 금속과의 경계에는 아직 많은 수수께끼가 남아 있다. 이 경계는 대체 어떻게 되어 있는가, 울퉁불퉁한가, 거울과 같이 반들반들한가 하는 것은 아직 거의 알려져 있지 않다. 하와이제도가, 깊은 곳으로부터 솟아오르는 마그마가 관을 뚫고 나온 것이라는 얘기를 했다. 벨트 컨베이어 밑에 있는 촛불이다.

혹시 이 하와이제도를 만들고 있는 촛불의 뿌리는 지금 생각되고 있는 것보다도 훨씬 깊어, 이 금속구와 맨틀과의 경계에 있지 않을까 하는 학설도 있다.

3. 역전한 지구의 남북

일본에서 팔고 있는 자석 나침반과 오스트레일리아에서 팔고 있는 자석 나침반은 다르다는 것을 알고 있는가.

일본의 나침반을 오스트레일리아로 가져가면 나침반은 북을 가리키지 않고 하늘을 가리키고 만다. 곁에 나침반이 있으면 잘 살펴보자. 일본에서 산 것이면 북을 가리키는 바늘보다는 남을 가리키는 바늘 쪽이 길거나, 남을 가리키는 바늘에 추가 달려 있다.

나침반은 곧바로 북을 가리키는 것이라고 생각할지 모르겠다. 그러나 나침반은 북의 수평선을 가리키지 않는다. 만일, 나침반의 남북 밸런스가 잡혀 있지 않으면 북을 가리켜야 하는 바늘은 일본에서는 수평선에서 45도나 아래를 향한다.

이렇게 되면 수평이라기보다는 어떻게 보면 아래를 가리키는 각도이다. 북으로 가면 갈수록 이 각도는 아래를 향하게 된다. 북극으로 가면 나침반의 북을 가리키는 바늘은 바로 아래로 향한다.

오스트레일리아에서는 북을 가리켜야 할 바늘은 위를 가리킨다. 그러므로 오스트레일리아에서 팔고 있는 나침반은 북의 바늘이 길거나 북의 바늘에 추를 달아서 밸런스를 잡고 있다.

지구상에서 자석바늘이 제대로 수평이 되는 곳은 적도뿐이다.

지구 전체가 왜, 어떤 자석으로 되어 있는가는 실은 지구물리학의 수수께끼이다. 지구는 하나의 큰 자석이다. 그것도 단순한 자석이 아니고 전자석(電磁石)이다.

탐험선으로 지구 속을 들어갔을 때, 녹은 금속구가 거대한 전자석이 되어 있다고 얘기했다. 이 전자석이 지구 자석을 만들고 있다. 전자석은 감은 전선 속으로 전류를 흘려 자석으로 만든다. 그와 마찬가지로 녹은 철구 속을 전류가 흘러 전자석이 되어 있는 것이 지구 속이다.

왜 이런 메커니즘이 있는가, 어떤 에너지가 이 메커니즘을 움직이는가 하는 것은 아직 수수께끼다.

더욱이 지구 자력은 해마다 근소하지만 조금씩 약해지고 있다. 이것도

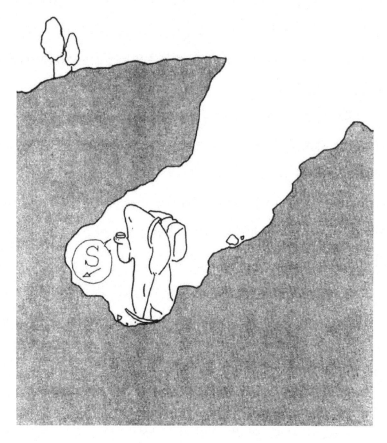

남반구에서는 태양이 남에서 뜨고 나침반도 반대

수수께끼다. 그뿐만 아니다. 더 놀랄 만한 수수께끼가 지구 자석에는 남아 있다. 그것은 지구 자석의 남북이 뒤집혔던 일이 있었다는 것이다.

예를 들면, 지금부터 100만 년 전에는 지구의 남북이 지금과는 반대였다. 즉, 북극이 남극이고, 남극이 북극이었다. 이때 만일 나침반이 있었다면 그 나침반의 북을 가리켜야 할 바늘은 남극을 가리켰음에 틀림없다.

그보다 훨씬 전에는 지구의 남북은 다시 반대 방향으로 되어 있었다. 반대 방향의 반대 방향, 즉 지금과 같았다.

한 번만이 아니다. 지금까지 지구의 남북이 반전된 '사건'은 100회 이상이나 알려졌다. 지구에 인류가 나타나고 나서도 10회나 반전되었다.

즉, 지구 역사 속에서 지구의 남북은 자주 반전되었다. 남북이 반전된다고 해도 지구 자전이 상하, 거꾸로 된다고 지레짐작해서는 안 된다.

지구의 회전도, 그리고 물론 지구 위에 있는 대륙이나 바다도 그대로이고 지구 자석만이 남북이 반전되는 '사건'이 몇 번이나 일어났다.

유감스럽게도 지구의 남북이 왜 가끔 반전되는지는 모른다.

탐험선으로 본 거대한 금속구 속에서 녹은 쇠가 이곳저곳 돌아다니는 중에 무슨 이유로 전기가 흐르는 방향이 거꾸로 되어 버려 지구의 남북이 반전되는 것이 아닌가 상상하고 있다.

왜, 어떻게 반전되는가 하는 가장 중요한 것은 아직 알려지지 않았다.

지구 자석에 관해서는 아직 수수께끼투성이다. 물론 앞으로 지구의 남북이 다시 반전되지 않는다고 말할 수 없다. 이번에는 언제가 될지 예측할 수 없다. 그러나 지구의 남북이 반전되는 때는 다시 온다.

만일, 그때 인류가 여전히 살아 있다면 북극이라든가 남극이라든가, 북반구도 남반구도, 아니 그뿐만 아니고 남북 문제나, 북쪽이나 남쪽이라는 표현방식조차도 다시 생각해야 될 것이다.

하이킹 가는 도중에 그렇게 되면 어떻게 되는가?

아니 괜찮다. 그렇게 갑자기 남북이 반전되지는 않는다.

지구 자석은 형체가 크기 때문에 반전되는 데는 아무리 빨라도 1000년 이상이 걸린다.

4. 길어지고 있는 하루의 길이

하루라는 시간의 길이는 어떻게 정해지는가. 그야 별이 다음 날에 같은 곳에 돌아올 때까지의 시간을 정확하게 재면 그것이 하루의 길이라고 생각할지도 모른다. 예전에는 틀림없이 그랬다.

그러나 현재는 그렇지 않다. 그것은 하루의 길이를 인간이 '정의하여' 정하게 되었기 때문이다. 1967년부터 시간 단위를 지구 자전이 아니고 원자시계로 재기로 되었다.

원자시계란 세슘의 원자가 진동하는 주파수를 기준으로 한 시계이다. 이 시계는 하루에 10조 분의 1초밖에 오차가 생기지 않을 정도의 높은 정밀도를 가진다.

세슘 원자시계의 기초를 구축한 것은 미국의 람제 박사이다. 이 원자시계를 개발한 업적으로 1989년에 노벨 물리학상을 받았다. 하루의 길이도 1967년부터 원자시계로 정한 시간 단위로 꼭 24시간으로 정해졌다.

길이의 단위인 m는 어떻게 정해지는지 알고 있는가. 길이의 단위로서 원래 1m라는 길이는 적도에서 북극까지의 길이의 1000만 분의 1로 해서 정해진 것이다. 그러나 앞에서 알아본 것같이, 지구가 엄밀한 구형이 아닌데다 이렇게 큰 거리 측정은 여간해서는 정확하게 할 수 없다.

이 때문에 인공적인 미터원기가 만들어져서 인공적인 길이의 기준이 되었다. 다시 현재는 빛의 파장을 기준으로 하여 1m의 길이를 정의하게 되었다.

이러한 인공적인 기준을 정의하게 됨으로써 길이 기준의 정밀도가 훨씬 높아졌다.

시간 기준도 마찬가지로 정확하게 하자는 데서 원자시계를 사용한 인공적인 시간 기준이 정해졌다.

세슘원자시계(제공, 우정성 통신종합연구소)

그러나 이 둘은 사정이 달랐다.

길이 기준은 원래 인류가 멋대로 정한 것이므로 지구에게도, 또 다른 생물에게도 아무 영향을 주지 않는다.

그런데 시간 기준은 그렇지 않다. 지구 자전이든 공전이든 인간이 정한 인공적인 단위로 실제의 시간을 다시 잴 필요성이 생겼다. 물론 처음에 시간 기준을 정의했을 때에는 지구 자전이라는 자연의 시간과 24시간이라는 인공시간이 맞도록 정해 놓았다. 그런데 정확하게 재보았더니 지구 자전의 속도는 결코 일정하지 않다는 것을 알게 되었다. 실은 지구 자전은 자꾸 느려지고 있었다.

왜 그런가. 그것은 지구가 회전하고 있는 에너지가 여러 가지 것에 빼앗기는, 즉 회전을 방해하는 여러 가지 브레이크가 걸린 탓이다.

여러 가지 브레이크가 있다. 조수의 간만과 같이 바닷물과 해저의 마찰도 브레이크이다. 공기와 육지와의 마찰도 브레이크가 된다. 또 지구 자체가 태양이나 달의 인력을 받아서 근소하게나마 불룩해지거나 오므라드는 것도 그렇다. 또 지구 속에 있는 금속구가 움직이는 것도 브레이크가 된다.

이 브레이크가 계속적으로 걸리고 있기 때문에 지구 자전은 매년 조금씩 느려지고 있다는 것을 알게 되었다. 자전이 느려지는 방식은 해에 따라서 다르다. 대지진이 일어나면 자전이 근소하게 변하는 일도 있다. 대규모적인 핵전쟁이라도 일어나면 자전도 달라질지 모른다.

지구의 자전축에서 얘기한 것과 같이 공중에서 회전하고 있는 팽이,

지구는 그만큼 섬세하다. 자전축도, 자전 속도도 여러 가지 영향을 받으면서 변하고 있다.

어떤 원인이, 얼마만큼 지구 자전에 브레이크를 걸고 있는가 하는 것은 중요한 일이지만 아직 그다지 알려져 있지 않다. 이것도 현대 지구물리학 과제의 하나이다.

그런데 지구 자전이 느려지고 있다면 귀찮은 일이 생긴다. 한번 정의해 버린 하루 길이를 사용하는 한, 지구 자전이라는 '자연의 시계'와 우리가 사용하는 '인공의 시계'가 자꾸 차이가 나게 된다. 그러나 그때마다 시간 단위를 다시 정의할 수 없다. 이 차이는 내버려두면 2000년 동안 2시간 정도 될 것이다.

이 때문에 지구 자전이 느려지는 것을 감시하고 있다가, 가끔 우리의 인공 시계를 늦춰서 지구 자전에 맞추게 되었다. 이를 '윤초'라 한다.

실제로 우리의 인공 시계를 보고 있다가 지구 자전의 지연이 1초를 넘게 될 때마다 세계의 시계를 일제히 늦추었다. 이것이 바로 시보를 1초 늦추는 '윤초'이다. 1년에서 3년에 한 번씩 이렇게 하여 시계를 늦추고 있다.

최근, 이 조정은 1989년 12월 31일에 실시되었다.

세계 표준시로 23시 59분 59초 뒤에 진짜로는 없는 '60초'를 덧붙여 그로부터 1월 1일의 M시 00분 00초가 된 것이다. 세계 표준시에서 9시간 앞서는 일본의 시계는 설날의 아침 9시에 이 작업이 시행되었다(한국도 마찬가지다).

시계가 1초 어긋났다고 해서 보통 사람에게는 손목시계를 맞출 것도 없다. 아무 불편도 없을 것이다.

그러나 지구물리학자에게 이 윤초는 여간 신경을 쓰지 않을 수 없는 큰일이다.

예를 들면 홋카이도 대학 이학부에서 관측하고 있는 지진은 홋카이도 주변만 해도 1년에 5000개나 된다. 일본의 대학이나 기상청, 게다가 세계의 지진 관측점에서 관측하고 있는 지진 수는 엄청난 수에 이른다.

이 지진 관측이 마침 이 '윤초'에 걸쳐서 일어나면 까다롭게 된다.

지진이 오는 것을 기다리고 있다가 지진의 데이터 처리를 밤낮으로 하고 있는 컴퓨터에게는 59분 59초 다음은 언제나 00분 00초이다. 59분 60초 따위의 이상한 것이 들어오면 데이터 처리는 정지되거나 오류가 생길지도 모른다.

지구물리학자는 100분의 1초라는 시간의 정밀도로 1년 중 지진을 계속 관측하고 있으므로 오류나 정지는 허용되지 않는다. 이밖에 지진 관측소마다 가지고 있는 기준 시계도 다시 맞추어야 한다.

사회생활의 불편을 적게 하기 위해서 윤초는 정월에 실시하는 경우가 많다. 외국에서는 정월에 설날만 휴일이고 정월 휴가가 없는 나라가 많은데, 일본의 정월은 다르다. 이 때문에 정초부터 지진 관측소의 직원은 시계에 매달려 시계 조정에 입회하게 되는 처지가 된다.

지진 관측소뿐만 아니다. 물론 일본의 표준시를 관리하는 우정성(郵政省)의 통신종합 연구소나 방송국에서도 시계를 다시 맞추기 위하여 마찬가지로 긴장된 작업을 실시해야 한다.

생각해 보면 기묘하다. 이것은 '인공'을 '자연'으로 맞추는 의식이라고 말할 수 있을 것이다. 혹시 이것은 인류가 때의 흐름조차도 스스로 정의하기로 한 '불손'에 대한 보상인지도 모른다.

지구 자전에는 언제나 브레이크가 걸려 있으므로 앞으로도 지구 자전은 늦기 마련이고 빨라지지는 않는다.

앞에서 산호충이 지구의 역사가라는 얘기를 했다. 실은 산호충은 지구시간의 기록자이기도 했다.

산호를 잘라 보면 나이테보다도 훨씬 가느다란 일륜(日輪)이라는 것이 있다. 이 일륜을 헤어보면 옛날 1년이 며칠간 있었는가 알 수 있다.

헤어보니 옛날 산호에는 1년이 365일이 아니고 옛날이 될수록 1년의 일수가 많은 것을 알게 되었다. 4억 년 전의 산호에는 1년에 400개의 일륜이 새겨져 있었다.

즉 당시는 1일의 길이가 약 22시간이었을 것이다. 그러므로 1년이 약 400일이었다.

또 하나 증거가 남아 있다. 앞에서 지구 모양은 호박형이라고 얘기했다. 그때 조금 기묘한 일이 있었다. 지구의 알맹이나 지구의 자전 속도로부터 계산한 호박보다도 실제의 지구 쪽이 조금이지만 납작하다는 얘기였다.

이 수수께끼는 지구 자전이 대답해 주었다. 자전이 느려지고 있으므로 지구 호박의 원인을 만들고 있는 원심력도 점차 약해져 왔다.

그러나 지구 속은 바위가 차 있으므로 원심력이 변했다고 해서 금방

모양이 변하지는 않는다. 천천히, 천천히 납작한 호박에서 둥근 호박으로
되고 있다.

지금의 지구 모양은 약 1000만 년 늦으면서도 지구의 원심력에 걸맞
은 모양으로 변하고 있다. 즉 지구는 1000만 년 전의 자전과 원심력을 지
금껏 기억하고 있다. 지구가 만들어진 무렵에 비해서 지구의 회전 속도는
실은 5분의 1이 되어 버렸다.

만일 지구 자전이 점차 느려져서 끝내 멎는 날까지 인류가 살아남았다
고 하면, 그때 인류는 '하루'를 어떻게 정의하게 될까.

5. 왜 어려운가? 지진 예지

여러분에게 관계없는 지진 예지에 대해 얘기하겠다.

지진은 지구가 살아 움직이고 있는 증거라는 얘기를 했다. 판이 태어
나고 움직여서, 이윽고 지구 속으로 사라져 가는 그 각각의 장소에서 판
은 지진을 일으키고 있다.

그중에서도 지하가 어떤 상태가 되었을 때 지진이 일어나는가, 지진이
일어나기 전에는 지하에서 어떤 '준비'가 있고 드디어 지진에 이르는가 하
는 것은 지구물리학에 있어서도 중요한 연구 테마이다.

즉, 지구에서 일어나는 드라마 중에서도 가장 화려하고 에너지도 큰
사건을 조사하는 것이 지진 예지 연구이다.

낚시를 좋아하는 사람이면 알고 있을 것이다. 조수 간만의 시간은 1년 앞까지 달력에 적혀 있다. 또, 일식이나 월식 시간도 몇 년 전부터 정확하게 알려져 있다.

같은 지구에서 생기는 일인데 지진이 일어나는 시간도 화산이 분화하는 시간도 왜 예지할 수 없는가.

이것은 물체가 깨지는 것을 연구하는 일이 어려운 것과 같다. 가령 컵 2개를 바닥에 떨어뜨리면 어떻게 되는가. 깨진다. 그러나 컵은 같은 것이라도 그 깨지는 방식은 결코 같지 않다. 어디에서 깨지기 시작하여 어떻

지진 예지는 왜 어려운가

게 퍼지는가를, 깨지기 전에 예상하는 것은 거의 불가능하다.

이에 비하면 기요하라 선수가 볼을 치고 나서 0.1초도 지나기 전에 홈런인지 아닌지 예상하는 건 훨씬 쉽다. 아니, 외야의 몇 열째의 어느 금방에 떨어지는가 예측하는 것조차 지진 예지에 비하면 쉽다.

내막을 밝혀 보자.

야구공이면 날아가는 속도와 방향만 알면 그 공이 날아가는 앞을 물리학 법칙으로 계산할 수 있다. 2초 후에 공이 어디를 어느 정도의 속도로 날고 있는가, 4초 후에는 어떤가, 정확하게 계산하여 예측할 수 있다.

공이 나는 속도와 방향이 같으면, 기요하라 선수의 공이든 오치 아이 선수의 공이든 같은 곳에 떨어질 것이다. 이것은 물리학의 간단한 법칙대로 공이 날아가기 때문이다.

그러나 물체가 깨질 때는 공이 날아가는 물리학 법칙은 사용할 수 없다. 물체가 깨지는 것은 훨씬 복잡한 현상이다. 그렇지만 물체가 깨지는 것을 연구하는 것이 어렵다고 해서 지진 예지가 불가능한 것은 아니다.

나뭇가지를 휘면 '부지직'하다가 이윽고 '탁'하고 부러진다. 이 탁하는 것이 지진이다. 그러므로 '부지직'하는 것을 알아들으면 지진 예지를 할 수 있을 것이다.

그러나 실제로는 어려운 일이 몇 가지 있다.

부지직거림은 아주 작은 지진이 일어나는 것이었거나, 지면이 약간 들어 올라오거나 오므라지는 일이었거나, 지하에서 특별한 가스나 물이 나오는 일이다. 이 현상을 전조(前兆) 현상이라고 한다.

밤낮으로 일하는 기상청의 지진 관측실

지진의 전조를 포착하기 위한 관측에는 무엇 하나가 결정적인 힌트가
되지는 않는다. 여러 가지 신호를 관측해야 한다. 지진이 이런 신호를 내
고 있는데 사람이 그것을 포착하지 못하면 지진 예지는 실패한다.

이런 신호는 아주 작은 것이므로 감도가 좋은 특별한 기계가 아니면
포착할 수 없다. 문제가 더 있다. 그것은 전동차나 자동차가 다니거나 공
장이 작동하고 있는 곳에서 잡음에 뒤섞여 버려서 신호를 포착할 수 없다.

신호는 어디로 나올지 모른다. 이 때문에 관측기계수도 1대나 2대로
는 안 된다. 지진이 일어날 것 같은 곳 근처에 많이 설치하여 어디에 어느
만큼의 신호가 나오는가 언제나 감시해야 한다.

더욱이 지진 때 진원에서 무슨 일이 일어나고 있는가, 또 지진 예지를 위해서는 어떤 전조 신호를 어떻게 관측하면 되는가 하는 것은 아직 충분히 알려져 있지 않다.

보통 일이 아니다. 신호가 포착되면 신호가 나온 범위와 포착된 신호의 양상을 보고서 앞으로 일어날 지진 장소나 지진 크기를 예측할 수 있다.

스루가만에서 엔슈나타 먼 바다를 진원으로 하는 '도카이 지진'은 여러 가지 증거로 인해 일어날 가능성이 높다고 한다.

이 때문에 도카이 지진에 대해서는 시즈오카현과 그 주변의 현에 몇백 대나 되는 많은 기계를 설치하여 특별한 관측을 실시하고 있다. 관측 데이터는 24시간 언제나 도쿄의 기상청에 온라인으로 보내져 부지직거림에 대한 감시가 행해지고 있다. 그러므로 도카이 지진에 대해서는 전조를 놓치는 일은 없을 것이라고 기상청은 말하고 있다.

그러나 이렇게 지진 예지 관측이 제대로 정비되어 있는 것은 유감스럽게도 도카이 지진뿐이다.

일본의 다른 곳에서 일어나는 지진에 대해서는 마침 설치되어 있는 관측기가 포착할지 모르고, 혹시 전조 현상이 나와도 그 근처에 관측기가 없으면 포착할 수 없을지도 모른다.

그것은 일본에서 일어나는 지진을 예지하기 위해서는 지금 일본에 설치되어 있는 기계만으로는 도저히 부족하기 때문이다. 이것은 나라의 예산이 없는 탓이 크다.

6. 지진학자는 밤중에 일한다

사람들이 모두 잠든 밤중에만 일하는 직업이 있다. 도둑? 아니, 지진학자이다. 그는 실험실에서 양갱만한 크기의 바위에 힘을 걸어 바위 속에서 미니 지진을 일으키고 있다. 큰 기계로 큰 힘을 걸어 바위를 누른다. 바위가 일그러지고, 이윽고 큰 소리를 내고 깨진다. 즉, 미니 지진이 일어났다.

이 미니 지진 앞에는 다시 작은 전조현상이 일어나고 있다. 나뭇가지가 탁 부러지기 전의 부지직거림이다.

사람들이 복도를 걷거나 건물 주위를 자동차가 지나가면 방해가 되어 이런 극히 작은 전조를 포착할 수 없게 된다. 이 때문에 매일 밤늦게 인적이 없는 실험실에서 이렇게 하여 지진 예지를 위한 연구가 계속되고 있다.

어떤 부지직거림이 어느 때 얼마만큼 나오는가. 부지직거림에서 '탁'까지는 무엇이 어떻게 진행되는가. 이들은 실제의 지진을 연구하는 데 중요한 정보이다.

지진 예지 연구는 이것만이 아니다. 실제로 지진이 일어나는 현장에서 관측하는 일도 많다. 지면의 신축을 측정하거나 상하의 오르내림을 측정하는 과학자도 있다. 지각변동 관측이나 측지 측량과 같은 관측이다.

일본은 지진이 많아 매일 몇백 번의 작은 지진이 일어나고 있다. 미소지진이라고 하는 지진이다. 이 작은 지진이 일어나는 방식이 대지진 전에 변하는 일이 많으므로 어디에 어떤 지진이 일어나고 있는가 매일 조사하고 있는 과학자도 있다. 이를 미소지진 관측이라고 한다.

미니 지진을 만드는 시험 장치

또 대지진 전에 지하로부터 특수한 가스나 특별한 성분을 가진 지하수가 나오는 일도 있으므로 가스나 물을 조사하고 있는 과학자도 있다. 지구화학 관측이라고 한다.

또한 대지진 전에 우물물이 늘거나 주는 일도 있으므로 이곳저곳의 우물에서 우물물을 조사하는 관측이 실시되고 있다.

이 밖에 지표에서 측정하는 지구 자석이 미소하게 변하거나 지구 속을 언제나 흐르고 있는 약한 전기의 흐름이 변하는 일도 있으므로 이들 관측을 계속하고 있는 과학자도 있다. 지진이 가까워지면 지하의 바위 성질이 변하기 때문에 이런 현상이 일어난다. 지구 전자기 관측이라고 한다.

또 절 등에 남아 있는 옛날 기록이나 일기를 읽고 몇백 년이나 옛날 지진의 역사를 조사하는 경우도 있다. 지진으로 많은 사망자가 생기기라도 하면 그 이름이나 지진 피해 상태가 절에 기록되어 있는 경우가 많기 때문이다.

판이 마찬가지로 밀고 있으므로 마찬가지 지진이 옛날부터 반복해서 계속되고 있을 것이다. 어느 크기의 지진이 어디서 일어나서 어떤 피해를 냈는가 하는 옛날 지진의 반복된 역사를 알고서 앞으로 일어날 지진의 예지에도 유용하게 이용하려고 하고 있다. 교훈은 역사 속에도 있을 것이다.

그런데 인간이 남긴 기록은 지진의 반복을 알기 위해서는 너무 짧다. 홋카이도에는 겨우 200년 전의 지진기록도 이제는 없다. 혼슈에서도 1000년 전까지 더듬으면 긴 편이다. 지진에 따라서는 수천 년이나 수만 년에 한 번씩 반복되는 지진도 있으므로 지진의 역사를 아는 데는 인간이 남겨온 역사는 너무 짧다.

이 때문에 고고학적인 수법도 사용된다. 전사(前史) 시대의 인류의 생활 유적에 남은 지진 유적을 조사한다. 지진으로 생긴 단층으로 절단된 유적도 발견되었다. 이것은 거기에 사람이 살고 있었을 때 대지진이 일어났다는 것을 나타낸다. 그러나 그들 자신은 지진의 역사를 후세에 전하는 수단을 가지고 있지 않았다.

그러나 가급적 과거의 일을 알고 싶다. 여기서 등장한 최근의 뉴 페이스(New Face)는 어쩌면 이끼였다. 이끼 무리의 성장은 아주 느리다. 그중에는 몇만 년이 걸려 성장하는 것도 있다.

지진이 일어나면 모처럼 성장한 이끼는 잘리거나 매몰되기도 한다. 그 후 다시 천천히 성장을 시작한다. 그러므로 이끼를 조사하면 몇만 년 전의 지변(地變), 즉 지진의 역사를 알 수 있게 된다.

더 전의 일을 조사하려면 활단층(活斷層)을 조사한다. 활단층을 알고 있는가. 지면 위에 옛날에 지진을 일으킨 단층이 남아 있는 경우가 있다. 이것이 활단층이다. 전문가가 조사하면, 각각의 활단층이 장래에 얼마만큼 지진을 일으키기 쉬운지 알 수 있다.

때로는 활단층을 파내려가서 옛날의 몇 번의 지진으로 움직인 지층을 찾아내 아주 옛날에 일어난 지진의 역사를 조사하는 일도 있다.

지진 예지는 아주 여러 가지 방법으로 연구하고 있다.

7. 바다의 지진 예지

앞에서 설명한 것과 같이 일본에서는 해저에서 일어나는 지진이 육지의 지하에서 일어나는 지진보다도 훨씬 많다. 매그니튜드 8을 넘는 초특대 지진이라도 100년 전에 중부 지방에서 일어난 노비(濃尾) 지진이 예외이고 나머지 모두가 해저에서 일어났다.

해저지진계 덕분에 해저에서 지진을 관측할 수 있게 되었다. 그러나 이것도 불과 20년 전에는 할 수 없었다.

우리의 해저지진계도 지구의 뢴트겐을 찍는 연구뿐만 아니라 지진 예지를 위한 연구에서 활약하고 있다.

해저 지진이 정확하게 어떤 장소에서 일어나고 있는가는 해저지진계를 사용한 관측으로 비로소 상세하게 알게 되었다.

이것은 지진 예지에 있어서도 지구 전체의 지구물리학에 있어서도 중요한 일이다. 왜냐하면, 지진이 일어난 곳이 숨어들어 가는 판 속인가, 판과 판이 마찰되고 있는 장소인가 하는 것이 지진이 일어나는 이유나 일어나는 방식, 그리고 판의 움직임을 연구하기 위한 중요한 정보가 되기 때문이다.

해저에서 일어난 지진은, 우리가 평소에 해저지진계로 관측하고 있는 작은 지진은 무리이지만 큰 지진이면 육상에 있는 지진 관측소에서도 관측된다. 그렇다면 해저지진계를 사용하지 않아도 되지 않는가 생각할지도 모른다.

그렇지만 육상에서 관측한 해저 지진은 지진이 어디에서 일어났는가 하는 지진의 진원 장소를 정확하게 계산하기 어렵다는 결점이 있다.

특히 진원의 깊이를 잘 알 수 없다. 깊이란 중요한 일이다. 즉 깊이가 애매하면 해저에서 일어난 지진이 숨어들어 간 판의 어디에서 일어났는가, 판의 위인가, 속인가 하는 중요한 일을 알 수 없기 때문이다.

여기에는 두 가지 이유가 있다.

하나는 지진 진원의 계산 방식의 문제이다. 진원을 제대로 계산하기 위해서는 일어난 지진 주위를 지진계가 둘러싸지 않으면 정확하게 계산할 수 없다. 그것은 진원에서 나온 지진파를 이곳저곳에서 빠짐없이 포착하는 것이 중요하기 때문이다. 즉 지진이 태평양 해저에서 일어났는데, 일본의 육상에서만 관측하고 있다면 둘러싸는 것이 되지 못한다. 이런 경우에는 진원을 정확하게 계산할 수 없다.

또 하나의 이유가 있다. 그것은 해저의 지하 구조, 즉 어떤 바위가 어떻게 겹쳐 쌓여 있는가 하는 것이 육지와 다르기 때문이다. 태평양판은 바다판이고, 일본열도는 육지판에 얹혀 있으므로 지하 구조가 다른 것은 당연하다.

이렇게 지하 구조가 다른 곳을 지진파가 통과할 때는 지진파가 곧바로 나아갈 수 없다. 휘어진다. 이것은 물속에 넣은 젓가락이 휘어서 보이는 것과 마찬가지다.

진원이 어디에 있었는가 하는 계산은 지진파가 전파되어 온 방향을 거꾸로 더듬어가는 계산이다. 그러므로 육상의 지진 관측으로부터 진원을 계산하려고 하면 젓가락이 휘는 것처럼 지진파가 휘는 데서는 계산이 달라진다.

그뿐 아니다. 지진계로 지진파를 관측하면 진원에 어떤 힘이 걸려 그 지진을 일으켰는가를 알 수 있다. 이것을 전문 용어로는 진원의 메커니즘이라고 한다.

진원에 어떤 힘이 어느 방향으로 걸려 지진이 일어났는가를 조사하는 것이 진원의 메커니즘이다. 그 지진이 지하의 어떤 움직임 을 의미하는가 하는 정보이다.

진원의 메커니즘을 결정하기 위해서는 진원을 둘러싸고 각 방향에 지진계를 설치하여 관측해야 한다. 그러므로 이 진원 메커니즘도 육상으로

역시 어렵다

부터의 관측으로는 연구하기 어렵다.

이렇게 육상의 지진 관측을 사용하여 바다에서 일어나는 지진을 관측하는 것은 아주 어려움이 크다. 우리가 20년 전에 해저지진계를 만들어 바다에 나선 것은 이 어려운 문제를 해결하려고 했기 때문이다.

이리하여 해저지진계로 관측해 보았더니 지진이 일어나고 있는 장소를 상세히 알 수 있게 되었다. 그뿐만 아니라 해저지진계의 관측에 의하여 해저에서 일어나는 지진의 성질이 육지 아래에서 일어나는 지진과 비교하여 어떻게 다른가도 여러 가지로 알려지고 있다.

그러나 해저지진계 관측의 중요한 점은 지진을 조사하는 것만은 아니다. 해저에서 일어나는 지진을 '배우'라고 하면, 그 배우가 출연하는 '무대'도 조사할 수 있는 것이다. 무대란 지하에 어떤 바위가 있어서 어떤 지층으로 되어 있는가 하는 지하구조를 말한다.

어떤 무대이면 어떤 지진이 출연할 수 있는가, 어떤 무대에는 지진이 일어나지 않는가 조금씩 알려지고 있다.

해저뿐만 아니라 육상에서 일어나는 지진 연구에서도 마찬가지로 알려지고 있다.

세계의 이곳저곳에서 일어나는 지진은 무대도 배우도 각각 다르다는 것이 연구가 진행됨에 따라서 최근 알려지게 되었다. 그러므로 지진예지의 방법도 어느 지진에도 들어맞는 만능의 것이 아니고 지진에 따라 다르다는 것이 알려졌다.

극에는 배우와 무대와 그리고 또 하나의 '준비'가 필요하다. 준비란 지하에 에너지가 고여 있고, 이윽고 지진이 일어나기 전에 전조 현상, 즉 나뭇가지가 부러지기 전의 부지직거림이 왜, 이렇게 일어나는가, 또 무엇이 계기가 되어 바위가 깨지는가 하는 등의 연구이다.

실은, 육지지진이라도 해저지진이라도 이 준비사항에 대한 연구는 어렵고, 또한 그다지 진척되어 있지 않다. 그러나 조금씩 확실하게 연구가 진척되고 있다.

이리하여 지진예지의 연구는 배우와 무대, 그리고 준비 사항을 조사함으로써 진행된다.

그렇지만 해저에서 일어나는 지진 예지는 육상에서 일어나는 지진 예지에 비하여 아직 어려운 일이 많다.

그것은 육상이라면 할 수 있는 관측이 해저에서는 할 수 없는 일이 많기 때문이다. 예를 들면, 지면의 신축을 측정하거나 지하에서 나오는 가스나 물을 조사하는 일은 해저에서는 아직 할 수 없다.

활단층도 조사할 수 없다. 지구 자기장을 조사하거나 지구 속을 흐르고 있는 전기를 조사하는 것도 아직 겨우 실험적으로 실시되고 있을 뿐이다.

해저지진계 덕분에 해저에서 지진을 관측하는 것만은 할 수 있게 되었다. 그러나 아직 관측은 충분하지 않다. 예를 들면, 일본 내에서 해저지진계로 관측하고 있는 연구자 수는 대학원생을 넣어도 겨우 10명 정도밖에 없다.

일본의 지진 예지에 있어서는 아직도 해저의 여러 가지 관측이나 연구를 신장시켜 나가야 한다.

6장

둘도 없는 소중한 지구

1. 지구의 연령은?

지구가 태어난 것은 지금으로부터 약 46억 년 전이라고 생각된다. 그러나 이것을 알게 된 것은 최근의 일이다. 겨우 30년 전만 해도 지구 연령은 기껏 수억 년이라고 생각했다. 지구 연령은 단번에 10배나 늘어났다.

19세기에 영국에서 활약한 켈빈 경은 열이나 전기에 대해서 연구한 대학자였다. 절대 온도라는 온도를 재는 단위에 켈빈이라는 이름이 붙여질 정도로 유명한 학자였다.

그 켈빈 경조차도 지구 연령의 계산을 잘못했다. 켈빈 경은 처음에 녹아 있던 지구가 점점 식어가서 지금 온도가 되기 위해서는 몇 년이 걸리는지 계산했다. 그 결과 짧게는 2000만 년, 길게는 4억 년이라는 계산이 나왔다. 크게 어긋난 것이다.

왜 그만한 대학자가 이런 틀린 결과를 냈는가. 계산 그 자체가 틀린 것은 아니었다. 그러나 켈빈 경은 지구 속에 있는 방사성 원소가 아주 많은 열을 내는 것을 생각하지 못했다. 즉 지구는 처음에 뜨거웠던 것이 단지 단순하게 식어간 것이 아니었다. 옛날부터 그리고 지금까지도 지구 속에서 새롭게 열을 내고 있다.

일본뿐만 아니고 세계 다른 나라에서도 원자력 발전소에서 내는 쓰레기를 어디에 어떻게 버리는가가 큰 문제가 되고 있다. 이것은 방사성 물질로부터 나온 방사능이나 열이 아주 오랫동안 대량으로 계속 나오기 때문이다.

어떻게 하여 지구 연령을 알게 되었는지 얘기하겠다. 30년쯤 전부터 바위의 연령을 측정할 수 있게 되었다. 그것은 바위 속에 근소하게 함유되어 있는 방사성 원소가 옛날 일을 기억하고 있다는 것을 알게 되어 그 기억을 지구물리학자가 판독할 수 있게 되었기 때문이다.

이 방사성 원소는 방사능과 열을 내면서 조금씩 다른 방사성 물질로 변해간다. 즉 어미 원소가 조금씩 줄고 새끼 원소가 조금씩 불어간다.

어미가 새끼를 낳는 속도는 알려져 있다. 이 때문에 바위를 채취해 와서 그 속의 어미와 새끼의 비율을 조사하면 그 바위가 언제 생겼는가를 알 수 있다. 처음에는 어미밖에 없다가 그중 어미가 줄어 새끼가 불어나므로 오래된 바위일수록 새끼가 많다.

바위의 연령이란 무엇인가. 틀림없이 바위는 녹은 마그마가 굳어져서 만들어지거나, 일단 만들어진 바위가 열이나 압력 작용으로 다른 바위가 되거나, 모래나 부서진 바위가 바다 밑에 고여서 새로운 바위로 만들어질 수 있다. 바위가 탄생한 것이 언제인가는 여러 가지 경우가 있을 것 같다.

그렇지만 이 방법으로 측정하는 것은 열을 받아 바위가 만들어 졌을 때부터의 연령이다.

화산암과 같은 것이라면 간단하다. 즉, 측정하고 있는 것은 녹은 바위가 굳어졌을 때부터의 햇수이다. 이 방법으로 측정해 보니 아프리카에서도 북아메리카에서도 오스트레일리아에서도 20억 년 전의 바위가 발견되었다.

처음에는 뭔가 잘못되지 않았는가 생각되었다. 그러나 결과적으로 지구의 연령 쪽이 잘못되었음이 판명되었다. 즉 지구는 그때까지 생각하고 있던 것보다 훨씬 오래되었다는 것을 알게 되었다.

절대 연대를 측정하는 질량 분석기(제공, 야마가타(山形)대학 이학부)

지금까지 가장 오래된 바위로 약 40억 년 전의 바위가 그린란드에서 발견되었다.

그러나 이 바위는 특별한 바위였다. 이 바위는 더 이전에 만들어진 것이 산산이 가루가 되어서 바다 밑에 쌓이고, 다시 그것이 열이나 압력으로 변화한 변성암이라는 바위였다.

측정한 연령은 변성암으로 만들어진 것에서 잰 것이다. 그러므로 원래의 바위는 40억 년보다 상당히 오래되었을 것이다.

지구가 만들기 시작한 것은 언제이고, 그때 무엇이 일어났는가는 아직 상세히 모르고 있다. 그러나 적어도 연령은 약 46억 년이라는 것이 이런 방법으로 알려졌다.

2. 지구가 한 번만 만들어준 공기

약 46억 년 전에 지구가 만들어졌을 때는 지구는 우주를 날아다니던 작은 별 부스러기가 모인 것이었다. 즉 혜성이나 운석 등 우주에 있는 여러 가지 것이 달라붙어서 점차 커져 갔다.

그러므로 그때의 지구에는 지표에서 속까지 별 부스러기가 차 있었다. 지구 속에 있는 핵, 즉 탐험선에서 본 금속 바다도, 그 속에 있는 내핵 즉 금속의 고체구도 원래 지구에는 없었던 것이라는 얘기를 했다. 판도 맨틀도 외핵도 아무것도 없었다.

지구 탐험선으로 이 무렵의 지구 속을 내려가 보았어도 지루했을 것이다. 어쨌든 위에서 아래까지 밋밋했을 것이니 말이다.

그 모인 별 부스러기 속에는 방사성 물질이 섞여 있었다. 그 방사성 물질은 지구 속에서 서서히 열을 냈다.

이밖에 지구 속에 있던 아래에 쌓인 별 부스러기가 빽빽이 눌려서 올라오는 열도 있었다.

운석처럼 작은 것이라면 속에서 열이 나도 그 열은 금방 밖으로 빠져나가 버리지만, 지구와 같이 크면 그 열이 지구 속에 남게 된다. 이리하여 지구 속은 온도가 계속 올라갔다.

그래서 드디어 모인 별 부스러기는 녹아 버렸다. 별 부스러기에는 바위도 금속도 섞여 있다. 예를 들면, 운석에는 거의 철로만 된 운석이 있다. 이 별 부스러기가 온도가 올라가서 녹으면 바위와 금속이 따로따로 나눠진다.

지구 속의 이곳저곳에서 녹은 금속 방울이 생겼다. 금속은 바위보다 무겁다. 그러므로 얼음을 갈아서 위에 시럽을 치면 얼음 속을 스며내려 가는 것처럼, 이곳저곳에 있는 녹은 금속 '방울'이 지구 중심을 향해서 천천히 천천히 스며내려 갔다. 그 녹은 금속 방울이 지구 중심에 모여 만들어진 것이 외핵과 내핵이다.

반대로 바위는 가벼우므로 금속 바닷속을 위로 향해서 떠갔다. 그렇게 지구 속에는 가벼운 바위가 위에, 무거운 금속이 아래에 있는 지금의 지구 구조가 만들어졌다.

지구는 살아 움직이고 있는 별이다. 지진이 일어나거나 화산이 분화하거나 하는 지구의 얇은 곳뿐만 아니라, 이런 깊은 곳도 실은 지구가 진화하여 여러 가지로 변해 왔다.

그뿐이 아니다. 실은 바다와 공기도 원래 있었던 것이 아니다. 우주 공간에 있는 가스가 지구 인력에 포착되어 지구의 공기가 되었을까. 그런데 우주 공간의 가스 성분을 조사하면 지구의 공기와는 비슷하지 않다. 밖에서부터 오지 않았다면 지구 속으로부터 나왔음에 틀림없다. 지금 지구에 넉넉히 있는 공기도 물도 지구 밖에서 내려온 것이 아니었다. 이들은 별 부스러기가 모인 지구 속에서 뿜어져 나와서 현재의 모습이 되었다.

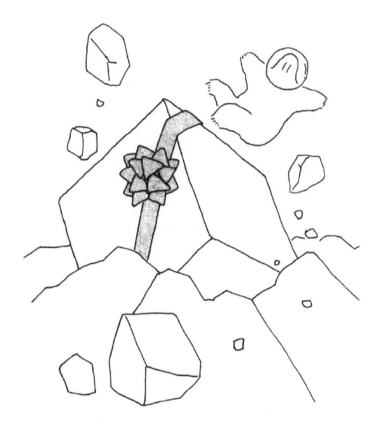

'공기'라는 선물

지금의 지구 속으로부터 나오고 있는 가스나 물에는 어떤 것이 있는가. 지하용수와 같은 것은 지구 속 깊은 곳에서 나온 것이 아니라는 것은 틀림없다.

화산으로부터는 가스나 수증기가 대량으로 나온다.

이 중 화산 가스는 성분으로 말하면 공기와 비슷하다. 한편, 나온 수증기는 냉각되면 물론 물이 된다.

그럼 지구의 공기는 모두 화산에서 나온 것인가. 이렇게 생각한 학자도 있었다. 지구상에 화산이 있는 장소는 극히 한정되어 있고 화산 수도 뻔한 것이므로 화산으로부터 한 번에 지구상의 모든 공기와 물이 나온 것은 아니다. 너무 대량이다.

그러므로 만일 화산이 지구의 공기와 물의 원천이라면, 화산이 아주 오랫동안 쭉 활동을 계속하며 거기서 나온 가스와 물이 조금씩 지구의 공기와 물이 되었을 것이다. 그럴듯한 가설이었다. 이 가설이라면 지구의 공기와 물은 몇십억 년이라는 긴 시간이 걸려 조금씩 늘어났다는 것이 된다.

과학은 범인을 몰아붙이는 추리와 비슷하다. 모든 가능성을 생각하지 않으면 뜻밖의 함정에 빠지게 된다. 이 경우도 그랬다. 화산 가스 범인 설로는 모순되는 사실이 발견되었다. 앞에서, 그린란드에서 발견된 세계에서 가장 오래된 바위 이야기를 했다. 40억 년 전의 바위이다. 이 바위는 원래 바위가 산산이 부서져서 바다 밑에 쌓이고, 다시 그것이 열이나 압력으로 인해 변화한 바위였다.

이 40억 년이 열쇠였다. 40억 년 이상이나 되는 오랜 시간 전에도 벌써 지구상에는 바다가 있었을 것이다. 지금의 화산으로부터 가스나 물이 나오는 것과 마찬가지로 천천히 조금씩 화산에서 가스나 물이 나온다면 설명이 되지 않는다.

결국, 지구의 역사에는 갑자기 가스와 물이 대량으로 분출된 시대가 있었다는 것이 된다. 지구가 태어나고 나서 2, 3억 년 사이에 지구 속으로부터 가스와 수증기가 무서운 기세로 분출되었다. 지구 역사의 15분의 1이나 20분의 1이라는 짧은 기간 동안에 나왔으므로 대단한 분출이었을 것이다.

그 원인은 아직 확실하게 알려져 있지 않다.

지구 속에서 금속 방울이 생기고, 그것이 지구의 깊은 곳으로 스며내려 간 얘기를 했다. 그때 방울로 떨어진 에너지가 더욱 지구의 온도를 올려서 콜록콜록 지구가 숨이 막혔던 것이 원인이 아닌가 생각되고 있다.

그렇지만 지구 공기성분 중 산소만은 지구 속에서 나온 것이 아니다. 지구에 생명이 태어나고, 이윽고 식물이 태어났다. 약 30여억 년 전인가의 일이다. 그 식물이 광합성으로 태양빛과 이산화탄소로부터 산소를 만들었다.

식물 덕분에 산소가 계속 불어나서 지금의 공기가 만들어졌다. 이렇게 산소가 없으면 살 수 없는 동물과 인간 등이 지구상에서 살 수 있는 환경이 만들어졌다.

3. 공룡은 왜 절멸했는가

지구가 생기고 나서 지금까지 46억 년의 역사 속에는 여러 가지 사건이 있었다.

별 부스러기의 덩어리였던 지구로부터 짧은 기간 동안에 가스나 물이 분출하여 나와 공기나 바다가 만들어진 것은 대사건이었다. 녹은 금속이 지구 중심으로 가라앉으면서 외핵이나 내핵이 생긴 것도 대사건이었다. 이는 지구 역사 중에서도 상당히 옛날 사건이다.

그러나 대사건은 최근에도 있었다. 최근이라고 해도 지구 역사에서의 최근이다. 그 최근의 최대 대사건은 6500만 년 전에 일어났다. 당시 살아 있던 생물 종류 중 3분의 2 이상이 절멸되어 버린 사건이다.

공룡이 갑자기 절멸된 것을 알고 있는가. 세계를 제 세상인양 걸어 다니거나 헤엄치거나 날아다니던 공룡이 절멸된 것은 실은 이 사건의 일부이다.

공룡뿐만 아니다. 암모나이트라는 고둥도 절멸했다. 암모나이트는 아름다운 고둥인데 장식품이나 펜던트(Pendant)로, 또는 박 물관의 진열 선반에 화석의 모습으로 남게 되었을 뿐이다.

이 사건으로 절멸되어 버린 생물이 이것만은 아니다. 조개도, 플랑크톤이라는 바닷속에 있는 작은 생물도 죽었다. 이 사건에서의 피해자는 헤아릴 수 없이 많다.

지금으로부터 6500만 년 전의 이 대사건은 대체 무엇이 원인이었는가. 이것은 오랫동안 지구과학의 수수께끼였다.

지구 기후가 갑자기 변했음에 틀림없다는 것은 알고 있었다. 그러나 무엇이 원인이 되어서 기후가 변했는가는 알려지지 않았다. 핼리 혜성과 같은 큰 혜성이 지구에 대접근하여, 그 꼬리에 지구가 싸였을지도 모르고, 화산이 대폭발하여 화산재가 지구를 덮었을지도 모른다.

과학은 수수께끼 풀이다. 추리소설과 같이 뜻밖의 곳에서부터 수수께끼가 풀리는 것이 과학의 재미다.

최초의 무대는 이탈리아였다. 이탈리아의 산속을 돌아다니던 미국인 학자가 진귀한 바위를 발견했다. 지금으로부터 4~50년 전의 일이다.

6500만 년 전에 만들어진 바위 속에 이리듐이라는 특별한 금속을 찾아냈다. 지구의 바위 속에 있을 수 없는 금속이었다. 운석이 가져온 것이 틀림없다.

무대를 덴마크로 옮긴다. 덴마크를 돌아다니던 학자도 같은 시대에 만들어진 바위 속에서 역시 운석이 날라 온 이리듐을 발견했다.

무대는 돌고 돈다. 스페인에서 발견된 바위에서도, 대서양의 해저에서 채취한 퇴적물 속에서도 같은 시대의 바위나 퇴적물 속에서 이리듐이 발견되었다.

이탈리아, 덴마크, 스페인, 그리고 대서양. 이렇게 멀리 떨어진 곳에서 운석만이 날라 올 수 있는 금속이 발견되었다.

추리 소설의 클라이맥스이다.

수수께끼는 풀렸다.

그 시대에 큰 운석이 지구에 충돌했을 것이라는 결론이 나왔다. 수수께끼의 열쇠가 되는 금속량이나 그 퍼짐의 정도로 보아서 지름 10㎞쯤의 큰 운석이 지구에 충돌한 것이 아닌가 생각되고 있다.

엄청난 충돌이었을 것이다. 운석도, 충돌한 지구의 바위도 산산이 부

공룡은 왜 절멸했나

서져서 먼지와 같이 요란스럽게 날아올랐다. 그리고 날아오른 먼지가 지구 전체를 덮었다. 이 먼지 때문에 태양에서 오는 빛과 열이 가려져서 약해졌다. 그 덕분에 지구 온도가 내려가서 기후가 변하여 추워졌다. 가장 추위에 약한 생물이 먼저 죽었다. 그렇게 되자 그것을 먹이로 하고 있던 생물도 먹이가 없어져서 죽게 되었다. 그것만으로 그치지 않는다. 다시 그것을 먹이로 하고 있던 생물도 죽어갔다.

이리하여 도미노 넘어뜨리기처럼 차례차례로 생물이 죽어간 것이 이 사건이었다고 생각되고 있다.

그렇지만 생각해 보자. 충돌한 운석의 크기는 결코 그렇게 큰 것이 아니다. 우리의 공상 지구 탐험선보다도 작다. 이 정도의 운석이 지구에 충돌했다면 지름 200㎞쯤의 크레이터[운석이 뚫어놓은 유발(乳鉢) 모양으로 된 구멍]가 될 것이다.

지름 200㎞의 구멍이라고 하면 물론 거대하지만 그래도 시코쿠보다도 작다. 지구 전체의 크기에서 보면 아주 작다.

지구는 미묘한 균형으로 성립되고 있다. 예를 들면, 지금 공기 중에 산소가 21% 있는데, 이것이 10%로 줄기만 하면 인간은 픽픽 죽어 버린다.

공기뿐만 아니다. 온도도 물의 양도 모두가 미묘한 균형으로 성립되고 있다. 지구상에서 이만큼 많은 생물이 태양빛과 열을 받고 살고 있는 것도 이 균형 위에 성립되고 있기 때문이다. 어떤 생물을 다른 생물이 먹고 살아남는다. 지구상의 생물은 이렇게 서로 의지하면서 살고 있다.

단지 1개의 운석의 충돌 먼지가 날아온 것만으로 이 균형이 무너져 버릴 만큼 이 균형은 위태로운 것이다.

지구에 살고 있는 우리는 흔히 잊어버리게 되는데 지구에는 지붕이 없다. 작은 운석까지 헤아리면 무서울 정도로 많은 운석이 지구로 날아오고 있다. 그렇지만 지구의 공기 덕분에 많은 운석은 떨어질 때 가지 공기와 마찰하여 마찰열로 타서 없어지거나 작아져 버린다.

지구에 날아드는 운석은 작은 것일수록 수가 많고 큰 것일수록 수가 적다. 이 관계는 지진과 비슷하다. 작은 지진일수록 많이 일어난다.

그러므로 큰 운석일수록 떨어지는 횟수가 적다. 그럼 어느 정도 떨어질 가능성이 있는지 미국 학자가 계산한 일이 있다. 그것에 의하면 공룡을 절멸시킨 급의 운석은 수만 년에 한 번은 지구에 떨어져도 이상할 것이 없다고 한다.

수만 년. 다행이다. 우리에게는 안심이 된다.

그러나 46억 년의 지구 역사에서 보면, 지금까지 굉장한 거대 운석이 떨어졌을 것이다. 앞으로도 몇 번이나 떨어질 것이다.

지구 역사의 처음 무렵은 떨어져도 아무 일이 없었을 것이다.

생물과 같이 미묘한 균형을 필요로 하는 것이 출현한 시기는 지구 역사에서는 극히 최근의 일이다. 생물이 출현하고 비로소 운석의 충돌은 특별한 대사건을 일으키게 되었다.

지구에 날아드는 운석은 극히 작은 것일수록 많다는 얘기를 했다. 6500만 년 전만큼 큰 운석이 아니고 더 작은 운석이면 훨씬 충돌 횟수는 증가한다.

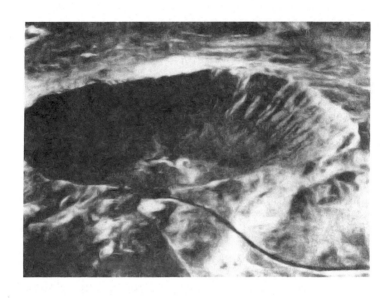

미국 애리조나주의 거대한 운석 구덩이

운석은 최근에도 흔히 떨어진다. 그중 하나는 1908년에 시베리아에 떨어진 운석이다. 4000㎞나 떨어진 영국에서 신문을 읽을 수 있을 정도의 빛을 내면서 떨어졌다. 떨어진 현장에서는 3, 40㎞에 걸쳐서 삼림이 쓰러졌다. 사람이 살고 있는 곳이었다면 대참사가 될 뻔했다.

1965년에도 캐나다의 태평양 연안에 큰 운석이 떨어졌다. 그러나 이번에도 다행히 피해는 없었다.

운석은 몇 번이나 떨어져도 이상할 것이 없다. 운석은 다시 충돌해 올지도 모른다. 아니 운석의 충돌뿐만이 아니다. 화산의 큰 분화도 세계의 기후를 변화시킨다.

1883년에는 인도네시아에 있는 크라카타우 화산이 대분화를 일으켰다. 화산섬이 하나 날아가 버릴 정도의 무시무시한 분화였고 그 지방의 사망자는 3만 6000명이나 되었다.

분화에 의한 기압 변동은 지구의 반대쪽에까지 미쳤다. 아니 그뿐 아니다. 지구를 한 바퀴 돌고도 아직도 에너지가 남아 있어서 그 후 지구를 빙글빙글 7바퀴나 돈 기압 변동조차 기록되고 있을 만큼 큰 분화였다.

분화 후 5년간에 걸쳐 태양이 이상적으로 벌겋게 보이거나 비숍의 고리가 보이기도 했다. 비숍의 고리란 태양 주위에 적갈색의 고리가 보이는 것으로 대기 중의 빛 회절로 일어나는 현상이다. 분화로 날아오른 화산재는 그렇게 오랫동안 떠돌아다녔다.

날아오른 화산재는 세계의 기후를 변화시키고 차가운 여름을 가져오게 하고 농작물의 흉작을 불러일으켰다.

화산뿐만 아니다. 전면적인 핵전쟁이 일어나면, 핵폭발 때문에 지구의 기후가 변할지도 모른다고 생각되고 있다. 인류가 핵전쟁을 시작하면 거대 운석 못지않은 먼지가 날릴 것이다. 다른 생물을 끌어들여 절멸한 공룡과 같은 운명을 더듬게 될지도 모른다.

그런 비극을 일으키지 않고 그칠 것인가 어떤가, 인류의 지혜가 시련을 받고 있다.

4. 둘도 없는 소중한 지구

앞에서도 얘기한 것처럼 인간이나 생물의 활동에 없어서는 안 되는 공기도 물도 처음부터 지구에 있었던 것은 아니었다. 공기도 물도 바다도 살아 움직이는 지구가 발달되어 가는 도중에 만들어진 것이다.

산소만은 지구가 직접 만든 것이 아니고 식물이 만들어 준 것이다. 그러나 그 식물도 지구 환경이 있었기 때문에 태어난 생물이다. 화성에도 수성에도 식물은 없다.

지구의 공기나 바다가 생긴 것은 짧은 동안의 사건이었다는 얘기를 했다. 더욱이 이것은 지구 역사에서 말하면 단지 한 번뿐인 사건이었다.

한 번밖에 만들어주지 않았던 공기와 바다. 이것은 지구에 사는 우리가 잊어서는 안 되는 일이다. 왜냐하면, 공기도 물도 우리 인류가 오염시키거나 없애 버리면 또다시 지구가 만들어 주지 않기 때문이다.

인류가 태어난 것은 지구 역사에서 말하면 겨우 1000분의 1이라는 극히 최근의 일이다. 지금까지의 지구 역사를 하루의 시계에 비유하면 처음의 1시간이나 1시간 반 중에 공기나 바다가 만들어진 것이 된다.

그리고 최후의 1분 동안에 인류가 탄생하여 금세 불어났다. 인류는 식물이나 동물을 먹고 자녀를 낳고 늘어났다.

인류의 탄생과 활동은 처음에는 지구에게 아무 영향도 없는, 무시할 수 있는 작은 사건에 지나지 않았다.

그러나 지금은 다르다. 기껏 100년도 안 되는 동안에 인류의 인구가 급격히 증가했을 뿐만 아니라 인류의 활동은 산업에도 교통기관에도 무섭게 많은 에너지를 사용하게 되었다.

에너지는 무엇에서 만들어지는가.

석유도 석탄도 천연 가스도 옛날의 생물 시체가 지하에 오랜 기간에 걸쳐서 변화되어 만들어진 것이다. 이들 에너지원이 화석연료라고 불리는 것도 이 때문이다.

인류는 오랫동안 걸려 만들어진 이 에너지원을, 만들어진 시간보다도 훨씬 짧은 시간 안에 무서운 기세로 사용하고 있다. 이렇게 갑자기 인간 활동이 성행하게 된 것은 19세기 말부터이다. 그러므로 겨우 100년쯤밖에 되지 않는다.

앞서의 하루 시계로 말하면 겨우 0.002초, 1초의 겨우 500분의 1이라는, 눈깜짝이는 것보다도 훨씬 짧은 기간 동안에 인류의 활동이 폭발적으로 커져서 지구 전체로서의 대사건까지 되어 버렸다.

인류가 에너지를 사용함에 따라서 이산화탄소나 열이나 여러 가지 쓰레기를 내는 일이 급격히 증가했다. 자동차나 비행기 기관 이 작동하면 반드시 산소를 사용하여 쓰레기로서 이산화산소나 열이 나온다. 공장으로부터도 나온다. 난로를 때도 나온다.

지구의 온난화라는 얘기를 들은 일이 있을 것이다. 토해진 이산화탄소는 가스이므로 지구를 이불처럼 덮는다. 눈에 보이지 않는 투명한 이불이다. 지구 온난화는 영어로는 Green House Effect(온실효과)라고 한다. 이 이불이 온실의 유리 구실을 하여 태양으로부터 온 열을 가두어 버리므로 지구 온도가 올라가는 것이 아닌가 생각되고 있다. 또 공장이나 가정에서 냉방이나 냉장고나 스프레이에 사용되고 있는 프레온 가스가 사용된 뒤에 공기 중으로 올라가서 지구를 둘러싸고 있는 오존층을 파괴하는 것이 아닌가 하는 이야기를 들은 일이 있을 것이다.

오존층이 파괴되면 지금까지 오존층에 가려져 있던 자외선이 지금까지보다 훨씬 강하게 지구에 들어온다.

또, 세계의 원자력 발전소에서 나오는 쓰레기도 해마다 늘고 있다. 이제부터 몇십만 년이나 걸쳐 방사능이나 열을 계속 낼 이 쓰레기를 어떻게 처리하는가 이것도 큰 문제이다.

인간의 활동은 옛날보다 훨씬 활발해져서 지구의 앞날을 좌우할 만큼까지 되었다.

우리 지구를 연구하고 있는 과학자의 눈으로 보면, 이대로 가면 모르는 사이에 인류의 활동이 지구를 바꿔 버리지 않을까 걱정이다. 알아차렸을 때는 시기를 놓쳤다고 하면 곤란하다. 한번 변해 버린 지구를 원래대로 되돌리는 것은 지금의 인류로서는 불가능하다.

우리에게 유감스러운 일이 있다. 그것은 지금의 지구과학이 아직 충분히 발달되어 있지 않다는 것이다. 즉 이대로 가면 지구는 어떻게 되는가, 지구를 나쁘게 변하게 하지 않기 위해서는 어떻게 하면 되는가, 그것을 제시하기 위해서는 지금의 지구과학은 데이터도 학문도 아직 불충분하다.

특히 육상에 비해서 데이터를 수집하기 어려운 바다의 데이터가 부족하다. 바다는 육지를 전부 합친 것보다 배나 넓기 때문에 이 데이터가 적

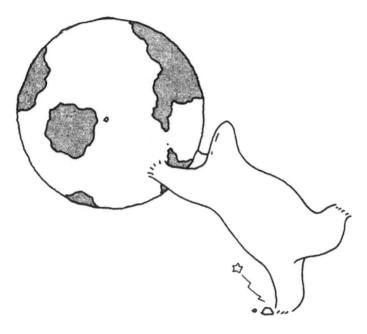

둘도 없는 소중한 지구

다는 것은 곤란하다. 바다의 지구과학이 더 필요하다. 그렇지만 아직 늦지 않았다. 한 사람 한 사람이 지구에다 관심을 계속 가져주고, 지구의 내일을 계속 생각하여 서로 지혜를 내면 지구의 내일은 어둡지 않다고 필자는 생각한다.

또한 만일 이 책을 읽고 있는 여러분이 아직 젊어서 여러분 중의 누군가가 지구를 조사하고 지구의 내일을 탐구하기 위하여 장래에 지구과학의 연구를 하려고 생각한다면 더없이 기쁜 일이 되겠다.

필자는 배를 타는 것이 직업이다. 스스로 개발한 해저지진계를 가지고 태평양에서, 때로는 대서양이나 인도양에서 '지구의 숨 쉼'인 지진을 관측하는 것이 필자의 본업 연구이다.

남극해에 떠 있는 배 위에서 해저지진계의 실험을 하고 있는 틈틈이 이 글을 썼다. 여기는 서부 남극이라는 곳으로, 태평양판이 숨어들어 가 거기에서는 화산이 분화하고 '일본열도'와 같은 섬이 생기고, 그 후 현재와 같이 되어 동해와 같은 바다가 막 만들어지고 있다. 우리가 평소 연구하고 있는 일본의 바로 먼 바다의 해저에도 태평양판이 숨어들어 가고 있으므로 우리는 광대한 태평양판의 끝과 끝을 연구하고 있는 것이 된다.

꽉꽉 서로 밀고 있을 대륙과 바다판 사이에 동해나 동지나해와 같은 바다가 왜 탄생하고 터졌는가는 지구과학의 수수께끼다. 그런 의미에서 지금 '동해'가 막 태어나고 있는 서부 남극은 세계의 지구과학자들의 관심이 모이는 곳이다.

이 때문에 폴란드나 미국이나 아르헨티나의 남극 탐험대의 의뢰를 받고 연구하러 왔다. 일본에서부터 우리의 해저지진계를 운반해 왔다.

남극의 바다가 이처럼 거친 줄은 생각지도 못했다. 일기라는 것이 이토록 인간에게 적대되는 것인가 처음으로 눈앞에 볼 수 있었다. 가로질러 날리는 눈, 울부짖는 바람. 이것이 블리자드(Blizzard)이다.

흔들림은 한쪽이 35°, 배 안은 소음으로 가득 차 있다. 접시가 깨지는 소리. 외치는 소리. 문짝이 삐걱거리는 소리. 물건이 구르는 소리.

강풍이 거칠게 불고 둥근 창에는 금방 눈이 고인다.

이런 때는 위험해서 실험은 할 수가 없다. 일기예보가 없는 곳이므로, 기압계만 쳐다보면서 폭풍이 지나갈 때까지 며칠이라도 기다린다. 다른 곳에서라면 이틀이면 되는 실험이 여기서는 일주일은 걸린다.

이만큼 흔들리면 책의 가는 글자도 보이지 않고 원고를 쓰는 일만이 가까스로 할 수 있는 일이 된다. 고단샤의 후쿠지마 씨의 이전부터의 의뢰에 가까스로 응할 수 있게 된 것도 남극의 날씨 덕분인지도 모르겠다.

그러나 필자뿐만이 아니고 이러한 노력이 무수히 쌓여서 겨우 남극이나 지구의 데이터가 수집되어 과학이 진보되는 것이다.

세상은 '지구' 붐이다. 프레온 가스, 오존 홀, 지구 온난화, 지구의 사막화, 핵폐기물 처리, 환경 파괴와 인류의 책임 등의 이 뉴스가 매스컴을 흥분시키지 않은 날이 없다.

바야흐로 '지구' 시대인지도 모르겠다. 지구의 내일은 어떻게 되는가, 인간의 활동은 지구에 어떤 영향을 미치는가, 그것을 학문으로 다루는 지구물리학에 대한 기대는 뜨겁다.

그런데 여기에 무서운 현상이 있다.

지구물리학은 이들 요청에 대답할 만큼 진보되어 있지 않다. 예를 들면 이산화산소 덕분에 지구가 온난화되지 않는가 하는 문제가 있다. 1989년의 여름에는 미국이나 캐나다가 열파에 휩싸여 현지 매스컴은 매일같이 이산화탄소의 온실 효과에 대해서 떠들었다. 따뜻한 겨울이 와도 역시 문제가 생긴다.

틀림없이 이산화탄소의 배출량은 화석연료의 소비와 더불어 해마다 증가하고 있는 것이 확실하다.

그러나 어느 정도 증가하면, 어떤 현상이 일어나서 지구가 얼마만큼 더워지는가. 그리고 빙하나 남극대륙의 얼음이 어느 정도 녹 아서 지구의 해수면이 얼마만큼 올라가는가. 이 질문에 대한 정확한 어림셈을 어느 지구물리학자도 아직 가지고 있지 않다.

아직 만족할 만한 답이 얻어지지 않는다고 해서 지구물리학자가 게으름을 피우고 있는 것은 아니다. 지구물리학은 그 나름대로 진척되고 있다.

그러나 문제는 이들 현상을 좇을 만큼의 데이터가 충분하지 않다는 것이다. 남극을 비롯하여 지구상의 이곳저곳에서 밤낮으로 새로운 데이터를 모으기 위한 연구가 진행되고 있다. 그러나 아직도 충분하지 않다. 연구비 문제도 있고, 연구자의 수도 너무 적다.

지금까지 매스컴이나 학회지에서 발표된 지구의 장래에 대한 어떤 예측도 결정적인 답변이 못 된다. 전문가가 보면 별의 수만큼 있는 가설의 하나에 지나지 않는다.

가설 중에는 온난화하지 않는다고 예상하는 것도 있다.

운명 공동체, 우주선 '지구호'는 아직 의지해야 할 나침반을 가지고 있지 않다.

물론 그렇다고 해서 편리한 예측에 안주해도 된다는 것은 아니다. 알아차렸지만 때를 놓치게 되는 경우도 충분히 생각할 수 있으므로.

대체로 지금 학문이 어디까지 알고 있고 어디에서부터 알지 못하는가 하는 적절한 기준이 일반적으로 알려져 있지 않은가 생각된다.

그런 의미에서는 과학 저널리즘의 죄도 크다. 지구의 공기나 물의 현재나 장래에 대해서 생각할 때는 지구는 하나로 이어진 것이므로 공기나 물만을 분리해서 생각해서는 실은 안 된다.

공기나 물을 만들어 준 것은 지구 자신, 즉 지구의 내부이다. 더욱이 앞에서 얘기한 것과 같이 지구 역사 중에서 한번만 만들어 주었다.

이 책에서 되풀이하여 얘기한 것과 같이 지구는 '살아 있는' 행성이다. 지구는 46억 년쯤 전에 별 부스러기가 모여 만들어진 이래 항상 변화하고 계속 성장해 온 별이다.

그러므로 지구의 장래를 생각할 때 먼저 지구의 내부나 그 역사를 알아야 한다. 또, 현대의 지구물리학의 최전선의 하나이고, 어떤 연구가 진행되고 있는가, 어떻게 하여 지구에 대한 데이터가 모여지고 있는가 알아주기를 바라면서 이 책을 썼다.